JN299946

身近に学ぶ 力学入門
第2版

伊東敏雄 著

学術図書出版社

はしがき

　自然界の現象はすべて物理法則に従っている．

　私達の生活に欠かせない各種の機械，装置，たとえば，自転車も自動車も電車も飛行機も，電話もテレビも物理法則によって機能している．建物や橋は物理法則に基づいて存在している．さらに地球も月も物理法則にしたがって運動している．

　物理学は，自然界の様々な現象の中に存在する基本的な法則を，観測される事実に基づいて追求し，またその逆に，こうして得られた基本法則から出発してもろもろの現象を説明したり，起こるべき現象を予測する．[1]

　自然界には数限りない様々な現象が観測されるが，これらの自然現象はほんのわずかな物理法則によって説明される．自然はまことに素直で単純なのである．しかしこのことは物理法則が高度に抽象化されていることを意味する．実際，物理法則は数学的に記述され，自然の事実は数値を用いて表記される．自然法則の記述には数学が欠かせないのである．数学は自然科学の言語であるといってよいだろう．

　しかし物理学のすべての知識は究極的には観測に基づいているということを忘れてはいけない．対象が天文学的な場合のように，自然が与えてくれる観測の機会をひたすら待つだけの場合もあるが，物理学においては実験がきわめて重要な役割を果たしてきたし，果たしている．実験とは，自然に積極的に働きかけてよりよい観測結果を与えてくれるような状況を作り出すことである．とくに物理の世界においては数量的概念が高度に発達しており，このことが実験を実り多いものにしている．実験という手法なくしては今日の物理学の素晴らしい進歩はなかっただろう．

　このような物理学の方法，すなわち，観測で得た結果を定量的に記述し，基本法則に基づいて論理的に説明するという方法は，現在では科学の典型的な方法

---

[1] ただし物理学の扱う自然現象は主に無生物に関する現象である．生物や生命現象に対しては100％の確実さをもって予測することができる法則はいまのところない．もっとも人の遺伝子が完全に解明され個人の将来が，偶然性の余地なく確実に予測できるようになったとしたら人間はロボットと変わりなくなってしまうかもしれない．

として広く浸透している．物理学の法則と論理は，理学，工学，医学を始めとする自然科学のあらゆる分野の基礎知識としてますます重要になっている．

　本書では力学(いわゆる古典力学)を通して物理学の基礎的な手法を学ぶ．力学は自然現象の記述に定量的な手法を適用した一番最初の例であり，また最も簡単な例であり，それゆえ最も基礎的な例なのである．ニュートンによって確立された力学を古典力学と呼ぶわけは，ニュートン力学を非常に高速度の運動に適用したり，原子や分子内の電子などの運動に適用しようとすると，運動の法則は修正を受けねばならないことになるからである．

　このように，観測と実験をよりどころとする科学の常として，得られた結論が絶対的に正しい永遠の真理であると主張することはできない．[2] 技術が進歩して一段と精度の高い吟味を受けるとき，法則を改訂しなければならなくなることが大いにありうるからである．しかしその場合でも，それまでの法則がまったく捨てられてしまうわけではない．その法則が扱ってきた現象の範囲内では実用上まったく正しい法則として生き続ける．実際，私たちの身の回りの物体の運動はニュートン力学によって完全に記述される．古典力学を学ぶ意義はいささかも減少してない．

　本書は筆者が電気通信大学の一般物理学で新入生に対して行ってきた講義録をまとめて補足したものである．ニュートン力学の修得を目標にして，なるべく身近な具体的な例に力学を適用するよう努めたつもりである．

　ところで，わずかな法則から組み立てられている物理学は美しいまでに体系化されている学問である．しかし，体系化されているということは，基礎からこつこつと積み上げて行かねばならないことを意味し，俗に物理は難しいといわれる原因になっているようである．しかしここを通り越せば体系化されていることが魅力になってくるはずである．

　ところで，高校での物理学はいろいろな制約があって，多分に断片的な記述になってしまっており，物理学の体系がわからない．単にたくさんの公式や知識をただ丸暗記的に詰め込んで，または詰め込まれて，うんざりしてしまう．しかし物理学とはそんな雑学的記憶を要求するものではない．一夜漬けと詰め込み

---

[2] ここが数学と異なる．数学の法則(定理)は永遠の真理である．

ほど物理学の勉強にとって無益なものはないと思う．

 もっとも最近では高校で物理を履修しないか，または初歩しか履修しないものが増えているようだ．このことを考慮して，この本では高校で物理を習ったことは前提にしてない．質量，力，エネルギーなどの基本的な物理量もその定義から説きおこしている．ただし理工系の学生を考えて，三角関数と微分積分の初歩の知識は一応もっているものとした．

 物理を勉強するに当たっては，物理を系統的に把握するように努めてほしい．まず基本概念を理解し，その基礎的な理解の上に，物事の本筋をたどり，本質を把握するという方法を習得してほしい．このためには法則を勉強するだけでは駄目である．法則を具体的な問題に適用する練習が欠かせない．これには自分で問題を解くことである．本文中の問や章末の問題に挑戦してもらいたい．[3]

 本書はこの「はしがき」から「索引」まですべて日本語化した LaTeX で作成した．図は LaTeX の picture 環境を拡張するマクロの epic, eepic を用いて描いた．[4] eepic は tpic の special コマンドを利用しているので，tpic の special コマンドをサポートする dvi ドライバが必要である．[5] 筆者はフリーソフトウェアの DVIOUT, DVIPRT (Ver. 2.41) を利用させていただいた．開発に関係された方々に感謝の意を表する．したがって本文の文章や数式の割り付け，描画も図の配置もすべて筆者によるもので，つたない箇所が随所にあると思われるが，これらはすべて筆者の責任である．本書に関して御意見，御教示をいただければ幸いである．最後に講義録の出版を薦めて下さった学術図書出版社の発田孝夫氏に感謝します．

1994 年 11 月

伊東敏雄

---

[3] 物理学の学習はスポーツの修得に似ている．まずルール (法則) を学ぶ．しかしそれだけではスポーツ (物理) は上達しない．具体的な場面にルール (法則) を適用する練習が不可欠である．
[4] epic: Enhancements to the picture environment of LaTeX.
eepic: Extensions to epic and LaTeX picture environment.
[5] tpic は TeX 用図形プリプロセッサ．

第 4 刷に際して

付録の「運動方程式の数値解のプログラム」は BASIC のプログラムですが，最近は EXCEL が普及しています．そこで EXCEL で数値計算してグラフに表示させた例を以下に載せておきます．コンピュータに保存してお試し下さい．

http://www.e-one.uec.ac.jp/~tito/midika.html [6]

2006 年 1 月　　　　　　　　　　　　　　　　　　　　　　　伊東敏雄

第 2 版第 1 刷に際して

本書は『な〜るほど！の力学』の縮小版として発刊されたものですが，全面的に見なおして読みやすくしました．煩雑と思われそうな式は削除し，物理的な意味がわかる記述に置きかえました．問題や演習問題も見なおし，一部を入れ替えました．旧版付録の BASIC のプログラム「運動方程式の数値解のプログラム」は削除しました．代わりに下記 web の EXCEL による数値計算を参照してください．

http://members3.jcom.home.ne.jp/toshito/midika/midika.html

2011 年 9 月　　　　　　　　　　　　　　　　　　　　　　　伊東敏雄

---

[6] この web サイトは，現在は存在しません．

目　　次

第 1 章　質点の運動　　1
- 1.1　位置と座標系 1
- 1.2　速度と加速度 4
- 1.3　運動の法則 7
- 1.4　物理量の単位と次元 11
- 1.5　投射物体の運動 — 等加速度運動 12
- 1.6　空気の抵抗を考慮した投射物体の運動 15
- 1.7　単振動 21
- 1.8　束縛運動 24
- 1.9　接線加速度と法線加速度 28
- 1.10　単振り子 30
- 1.11　減衰振動 33
- 演習問題 37

第 2 章　仕事とエネルギー　　41
- 2.1　仕事 41
- 2.2　運動エネルギー 44
- 2.3　保存力 46
- 2.4　位置エネルギー 49
- 2.5　力学的エネルギー保存則 54
- 演習問題 58

第 3 章　万有引力による質点の運動　　61
- 3.1　角運動量 61
- 3.2　万有引力 64
- 3.3　平面運動の極座標表示 67
- 3.4　ケプラーの法則 69
- 3.5　逆 2 乗則以外の中心力による運動 78
- 演習問題 81

第 4 章 非慣性系における運動の記述　　85
- 4.1 並進加速度座標系 85
- 4.2 回転座標系 87
  - 4.2.1 角速度ベクトル 87
  - 4.2.2 等速回転座標系 88
  - 4.2.3 地表に固定した座標系での運動の記述 91
- 演習問題 97

第 5 章 質点系の力学　　99
- 5.1 質点系の運動量 99
- 5.2 質点系の運動エネルギー 102
- 5.3 2 体問題 103
- 5.4 衝突 105
  - 5.4.1 1 次元の衝突 106
  - 5.4.2 2 次元の衝突 108
- 5.5 ロケットの運動 112
- 5.6 質点系の角運動量 116
- 演習問題 120

第 6 章 剛体の運動　　123
- 6.1 剛体の運動方程式 123
- 6.2 剛体に作用する力 125
- 6.3 剛体の釣り合い 127
- 6.4 剛体の角運動量と運動エネルギー 129
- 6.5 慣性モーメントの計算 130
- 6.6 固定軸のある剛体の運動 135
- 6.7 剛体の平面運動 140
- 6.8 こまの運動 144
- 演習問題 147

問題解答　　151

索引　　163

質点の運動

物体が時間とともに位置を変える現象が**運動**である．物体が大きさをもつ場合には，運動しながらその形を変えることもあれば，回転していることも多い．これらの複雑さを避けるために**質点**と呼ばれる理想化した物体を考える．数学的には質点は大きさをもたない点である．現実には大きさをもたない物体は存在しないが，近似的に点と見なして取り扱って差し支えない場合は多い．たとえば太陽と惑星との間の距離に比べると惑星の大きさは十分に小さいので，惑星を点と考えて運動を調べることができる．質点の運動を調べるもうひとつの重要な意義は，大きさのある物体がどのような複雑な運動をしていても**物体の重心の運動は厳密に質点の運動として記述できる**ということにある．[1]

1.1 位置と座標系

質点の運動を記述するには，空間における質点の位置を記述する必要がある．このために**座標系**を用いる．空間における質点の一般的な位置を記述するには 3 次元座標系が必要であるが，運動が一直線上に限られる場合には 1 次元座標系，一平面上に限られる場合には 2 次元座標系が用いられる．

1. 1 次元座標

   直線上の基準点を原点とし，質点までの距離 x によって質点の位置を表す．[2]

2. 2 次元座標系

   直交座標と極座標が主要である．**直交座標**は，互いに直交する 2 つの座標軸

---

[1] 「質点系の力学」で証明する．p.100 参照．
[2] 原点を基準にして，一方の側を正方向，反対側を負方向と定め，原点から負方向への距離はマイナスにとる．

からの質点までの距離 (x,y) によってその位置を表す.[3] **極座標** は,原点から質点までの距離 r と,基準方位 (x 軸) からの方位角 θ を用いて質点の位置を (r,θ) と表す.

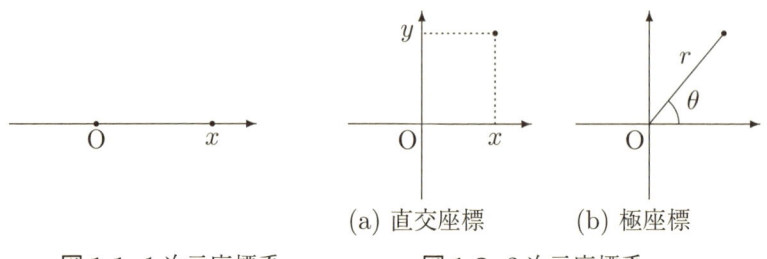

(a) 直交座標　　(b) 極座標

図 1.1　1 次元座標系　　　図 1.2　2 次元座標系

3. 3 次元座標系

直交座標 は,互いに直交する座標軸 x, y, z 軸を使って空間の点を (x,y,z) と表す (図 1.3 (a) 参照).この他に 3 次元極座標と円筒座標がよく使われる.**3 次元極座標** は,原点から質点までの距離 r と方位を表す角度 θ, ϕ を使って位置を (r,θ,ϕ) と表す (図 1.3 (b) 参照).**円筒座標** では図 1.3 (c) のように (r,θ,z) と表す.

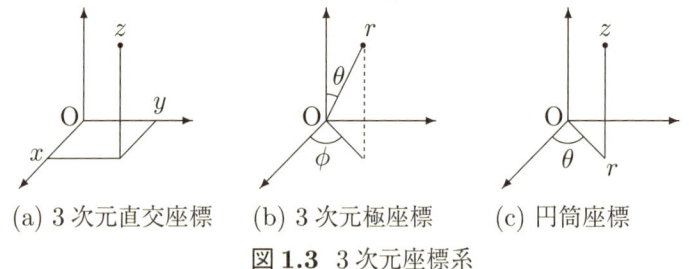

(a) 3 次元直交座標　(b) 3 次元極座標　(c) 円筒座標

図 1.3　3 次元座標系

物理法則は空間の移動,時間の移動に対して不変であるので,座標系の原点,座標軸および時刻の原点は任意にとってよいが,通常は問題を解くのに都合よいように選ぶ.

空間の点を表すのに位置座標を与える代わりに,原点からその点に引いた矢印を使うと座標系に関係なく記述できる.この矢印を **位置ベクトル** と呼ぶ.通常

---

[3] 距離の正負については前脚注参照.

ベクトルとはその方向のみを問題にして始点は問題にしないが,位置ベクトルは常に座標原点を始点とするベクトルである.空間の一点の直交座標を (x, y, z) とすると位置ベクトル r は座標軸方向の 3 つのベクトルの和の形に表すことができる.

$$r = x\boldsymbol{i} + y\boldsymbol{j} + z\boldsymbol{k} \tag{1.1}$$

ここで $\boldsymbol{i}, \boldsymbol{j}, \boldsymbol{k}$ はそれぞれ x, y, z 軸方向の単位ベクトルである.

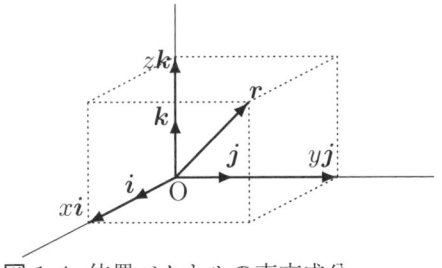

図 1.4 位置ベクトルの直交成分

ベクトルとスカラー

1 つの数値だけで表される量を**スカラー** (scalar),大きさと方向をもつ量を**ベクトル** (vector) という.

ベクトルのスカラー倍

スカラー量 k とベクトル量 $\boldsymbol{A}$ との積 $k\boldsymbol{A}$ は大きさが $\boldsymbol{A}$ の $|k|$ 倍で,方向が $\boldsymbol{A}$ と同じ ($k > 0$ のとき),または逆向き ($k < 0$ のとき) のベクトルを表す.

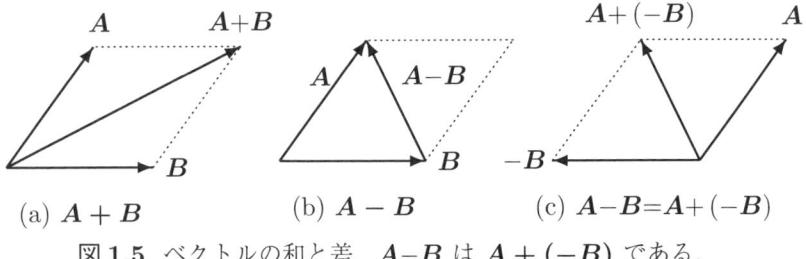

図 1.5 ベクトルの和と差. $\boldsymbol{A} - \boldsymbol{B}$ は $\boldsymbol{A} + (-\boldsymbol{B})$ である.

ベクトルの和と差

2 つのベクトル $\boldsymbol{A}$ と $\boldsymbol{B}$ の和と差は図 1.5 に示すように 2 つのベクトルを 2 辺とする平行四辺形の対角線で表される.

[問 1] 人の踵(かかと)から頭頂までのベクトルを考えよう．ある大学の全学生数 10000 人について (a) 正午 および (b) 明け方 におけるベクトルの総和を推定せよ．

1.2 速度と加速度

質点の運動はその位置座標 x, y, z を時間 t の関数として与えれば，すなわち位置ベクトル $\boldsymbol{r}$ を t の関数として与えれば，完全に記述される．$\boldsymbol{r}(t)$ の先端が描く曲線は質点の軌跡を表す．

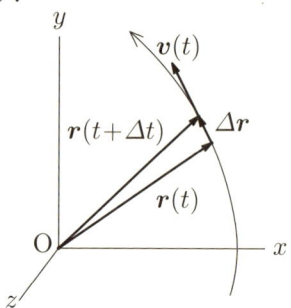

図 1.6 質点の軌跡, 変位, 速度

時刻 t に $\boldsymbol{r}(t)$ にあった質点が時刻 $t+\Delta t$ に $\boldsymbol{r}(t+\Delta t)$ まで動いたとしよう．この間の質点の位置の変化を表すベクトル $\Delta \boldsymbol{r} = \boldsymbol{r}(t+\Delta t) - \boldsymbol{r}(t)$ を**変位ベクトル**または単に**変位** (displacement) という．変位をこの間の所要時間 Δt で割った量を平均速度ベクトル，$\Delta t \to 0$ とした極限を時刻 t における**速度ベクトル**または**速度** (velocity) と定義する．

$$\boldsymbol{v}(t) = \lim_{\Delta t \to 0} \frac{\boldsymbol{r}(t+\Delta t) - \boldsymbol{r}(t)}{\Delta t} \tag{1.2}$$

右辺の極限を位置ベクトルの時間微分といい，$\mathrm{d}\boldsymbol{r}/\mathrm{d}t$ と書く．すなわち

$$\boldsymbol{v} = \frac{\mathrm{d}\boldsymbol{r}}{\mathrm{d}t} \tag{1.3}$$

である．図 1.6 から明らかなように，$\Delta t \to 0$ のとき $\Delta \boldsymbol{r} = \boldsymbol{r}(t+\Delta t) - \boldsymbol{r}(t)$ の向きは軌跡の接線方向に近づくから，$\boldsymbol{v}$ の向きは軌跡の接線方向である．速度ベクトルの x, y, z 成分は位置ベクトルのそれぞれ成分の微分係数である．す

なわち
$$v_x = \frac{\mathrm{d}x}{\mathrm{d}t}, \qquad v_y = \frac{\mathrm{d}y}{\mathrm{d}t}, \qquad v_z = \frac{\mathrm{d}z}{\mathrm{d}t} \tag{1.4}$$
である．速度ベクトルの大きさ
$$v = \sqrt{v_x^2 + v_y^2 + v_z^2} \tag{1.5}$$
を **速さ** という．速度を速さの意味で使うことも多い．[4]

速度ベクトルをもう一度時間微分したベクトルを **加速度ベクトル** または **加速度** (acceleration) と呼ぶ．
$$\begin{aligned}\boldsymbol{a} &= \frac{\mathrm{d}\boldsymbol{v}}{\mathrm{d}t} = \frac{\mathrm{d}^2\boldsymbol{r}}{\mathrm{d}t^2} \\ &= \frac{\mathrm{d}^2 x}{\mathrm{d}t^2}\boldsymbol{i} + \frac{\mathrm{d}^2 y}{\mathrm{d}t^2}\boldsymbol{j} + \frac{\mathrm{d}^2 z}{\mathrm{d}t^2}\boldsymbol{k}\end{aligned} \tag{1.6}$$
加速度や速度が時間の関数として与えられれば，それらを時間で定積分するとそれぞれ速度や位置ベクトルの変化が求まる．
$$\boldsymbol{v}(t_2) - \boldsymbol{v}(t_1) = \int_{t_1}^{t_2} \boldsymbol{a}(t)\,\mathrm{d}t \tag{1.7}$$
$$\boldsymbol{r}(t_2) - \boldsymbol{r}(t_1) = \int_{t_1}^{t_2} \boldsymbol{v}(t)\,\mathrm{d}t \tag{1.8}$$

力学では時間微分を・で, 時間による2階微分を・・で表すことが多い (ニュートンの記法). たとえば次のように書く.
$$\boldsymbol{v} = \dot{\boldsymbol{r}} = \dot{x}\boldsymbol{i} + \dot{y}\boldsymbol{j} + \dot{z}\boldsymbol{k} \tag{1.9}$$
$$\boldsymbol{a} = \ddot{\boldsymbol{r}} = \ddot{x}\boldsymbol{i} + \ddot{y}\boldsymbol{j} + \ddot{z}\boldsymbol{k} \tag{1.10}$$

例として原点を中心とする半径 R の円周上を一定の速さで回転している質点を考えよう．この質点の位置座標は時間の関数として次の式で表される．
$$x(t) = R\cos\omega t, \qquad y(t) = R\sin\omega t \tag{1.11}$$
単位時間当たりの回転角 ω を **角速度** という．この質点の速度成分 v_x, v_y および加速度成分 a_x, a_y は次のように計算される．

---
[4] "速度"や次の"加速度"などはベクトル量の意味でも，その大きさの意味でも用いられる．前後の文脈から混同する恐れがない場合には，本書でも"速度"を"速度ベクトル"の意味にも"速さ"の意味にも用いる．

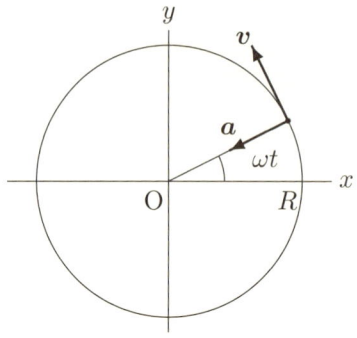

図 1.7 等速円運動

$$v_x(t) = \frac{dx}{dt} = -R\omega \sin\omega t, \quad v_y(t) = \frac{dy}{dt} = R\omega \cos\omega t \quad (1.12)$$

$$a_x(t) = \frac{dv_x}{dt} = -R\omega^2 \cos\omega t, \quad a_y(t) = \frac{dv_y}{dt} = -R\omega^2 \sin\omega t \quad (1.13)$$

速度ベクトルは円の接線方向を向いており，位置ベクトルと垂直で，その大きさ (速さ) は次の式で表される．

$$v = R\omega \quad (1.14)$$

また加速度ベクトルは位置ベクトルと次の関係にある．

$$\boldsymbol{a} = -\omega^2 \boldsymbol{r} \quad (1.15)$$

すなわち加速度の大きさは $R\omega^2$，方向は位置ベクトルと平行で逆向き ("反平行" という) である．等速円運動の加速度は質点から円の中心に向かっているので，**向心加速度**と呼ばれる．

[問 2] x 軸上を運動する粒子の位置座標 x と時刻 t が $x = at - bt^3$ の関係にある．ただし $a = 10\,\mathrm{m/s}$ および $b = 1\,\mathrm{m/s^3}$ である．時刻が $1\,\mathrm{s}$ と $2\,\mathrm{s}$ における位置，速度，加速度を求めよ．また $1\,\mathrm{s}$ と $2\,\mathrm{s}$ の間における平均の速度 $\bar{v}$ と平均の加速度 $\bar{a}$ を求めよ．

[問 3] 次は正しいか？ "速度" と "加速度" はベクトル量と考えよ．正しくない場合には正しくないことを示す例を挙げよ．
(a) 速度が 0 ならば加速度も 0 である．
(b) 速度も加速度も 0 なら運動していない．
(c) 速さが一定でも速度が変化していることがある．

(d) 速度が一定でも速さが変化していることがある．
(e) 加速度が一定ならば速度の方向は変わらない．
(f) 速度の方向に関係なく加速度はあらゆる方向が可能である．
(g) 時刻 t_1 と t_2 の間の平均速度を求めるには，t_1 と t_2 における速度を測定すれば十分である．
(h) 時刻 t_1 と t_2 の間の平均加速度を求めるには，t_1 と t_2 における速度を測定すれば十分である．

1.3 運動の法則

　最初に速度の概念は"相対的"なものであることに注意しよう．同じ粒子の速度を観測するのであっても，観測者がどの座標系にいるかによって速度は異なる．たとえば，赤道上に静止している人でも地球の外から見れば，地球は24時間で1回転しているわけだからおよそ $464\,\mathrm{m/s}$ の速さで動いている．また太陽に固定した座標系から見ると，地上のすべてのものは1年で半径約1億5000万 km の公転軌道を1周するのだから，およそ $30\,\mathrm{km/s}$ もの速さで移動している．このように速度はそれを観測する座標系を指定しなければ定義できない．

　さてニュートン[5] の**運動の第1法則**は通常，「他の物体から十分離れており，何の作用も受けない物体は加速度のない運動をする」と表現される．加速度のない運動をするとは等速直線運動を続けるか，または静止状態を続けることを意味する．物体がそれまでの運動状態を続けようとする特性を**慣性**といい，運動の第1法則は**慣性の法則**とも呼ばれる．

　ところで速度の概念が相対的なものであることを考えると，これはどのような座標系から見てのことなのであろうか．実を言えばこの法則は，**他の物体から十分離れて何の作用も受けない物体が加速度のない運動をしていると観測される座標系が存在する**ということを述べているのである．このような座標系を**慣性座標系**，あるいは単に**慣性系**と呼んでいる．運動の第1法則，慣性の法則は力学の諸問題を考える座標系として慣性系を用いることを宣言しているのである．慣性系は無限にたくさん存在するが，運動の法則はどの慣性系におい

---

[5] Sir Isaac Newton (1643–1727)，イギリスの数学者，物理学者．物理学における数学的方法を確立した．力学の原理は1687年に出版された「プリンキピア」に大成された．

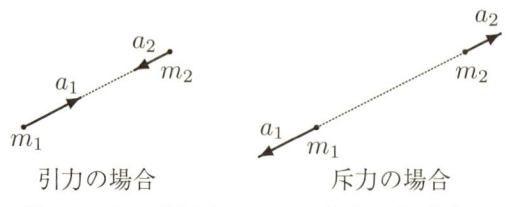

図 1.8　相互作用する 2 つの物体の加速度

てもまったく同じであることをも意味している．この法則は空間の均質性と時間の一様性を示しているとも考えられる．

　次に 2 つの物体 (質点) 1, 2 が有限の距離にあって，互いに作用しあっている場合を考えよう．今度はどちらの物体も加速度はゼロではないはずである．**経験則**によれば，各物体の加速度の方向は，図 1.8 に示すように，2 つの物体を結ぶ直線に平行で，互いに逆向きであり，その大きさの比 a_1/a_2 は物体を与えれば常に一定である．[6] すなわち物体は**加速度の大きさを決める固有の物理量** m_1, m_2 をもっている．これが**質量** (mass) であり，m_1, m_2 は

$$\frac{a_1}{a_2} = \frac{m_2}{m_1} \tag{1.16}$$

となるように決められる．単位質量をもつ物体と相互作用するときの加速度の比を求めれば，任意の物体の質量が決定される．このように質量を定義すれば

$$a_1 m_1 = a_2 m_2 \tag{1.17}$$

が成り立つ．大きさが $a_1 m_1$ で 加速度 $\boldsymbol{a}_1$ の方向のベクトルを物体 1 に作用する**力** (force) と呼ぶ．各物体に作用する力を $\boldsymbol{F}_1$, $\boldsymbol{F}_2$ とすると

$$\left. \begin{array}{l} m_1 \boldsymbol{a}_1 = \boldsymbol{F}_1 \\ m_2 \boldsymbol{a}_2 = \boldsymbol{F}_2 \end{array} \right\} \tag{1.18}$$

である．質量 m の物体に力 $\boldsymbol{F}$ が作用するとき生じる加速度を $\boldsymbol{a}$ とすると

$$m\boldsymbol{a} = \boldsymbol{F} \tag{1.19}$$

の関係がある．これがニュートンの**運動の第 2 法則**，運動の法則である．ま

---

[6] 磁気的な相互作用の場合には 2 つの物体を結ぶ直線に平行でない場合もあるが，このことは以下の議論に必要ない．

た F_1 と F_2 は大きさが等しく方向は逆向きであるから次の関係が成り立つ．

$$F_1 = -F_2 \tag{1.20}$$

これがニュートンの**運動の第3法則**，**作用反作用の法則**である．物体に力が作用するとき，必ずその力の反作用が存在する．

ニュートンの第2法則 $ma = F$ は，力を受ける物体の運動を記述する基本方程式であり，**運動方程式**と呼ばれる．加速度を位置ベクトルまたは速度ベクトルの時間微分の形に表すと，運動方程式は

$$m\frac{d^2 r}{dt^2} = F \quad \text{または} \quad m\frac{dv}{dt} = F \tag{1.21}$$

と表される．2階の微分方程式である運動方程式の解は**初期条件**を与えると，すなわち，ある時刻 (通常この時刻を $t=0$ ととる) における位置と速度を与えると，その後の運動は唯一に決まる．[7]

運動する物体の質量 m と速度ベクトル v との積

$$p = mv \tag{1.22}$$

を**運動量** (momentum) と定義する．運動量を使うと運動方程式は

$$\frac{dp}{dt} = F \tag{1.23}$$

と表される．

運動方程式 (1.23) の両辺を時間 t_1 から t_2 まで積分してみよう．

$$p(t_2) - p(t_1) = \int_{t_1}^{t_2} F \, dt \tag{1.24}$$

右辺の量を**力積** (impulse) と呼ぶ．運動の第2法則は**運動量の変化は力積に等しい**と言い表すこともできる．運動の法則のこの表現は，瞬間的な大きな力すなわち**撃力**を受ける物体の運動を調べるときに便利である．

上述の相互作用する2つの物体の運動量を p_1, p_2 とすると (作用を及ぼす他の物体は存在しないとする)，運動の第3法則，作用反作用の法則によれば

$$\frac{dp_1}{dt} + \frac{dp_2}{dt} = F_1 + F_2 = 0 \quad \text{すなわち} \quad p_1 + p_2 = \text{一定} \tag{1.25}$$

---

[7] ニュートン力学における**因果律**を表している．

が成り立つ．すなわち2つの物体の運動量の和は時間が経過しても変化しない．このような**不変量(保存量)**は物理学において重要な**意味をもつ**．それらは通常，基本的な物理量であり，その保存則は運動の解析にきわめて有益であるからである．運動量の概念は質点系において重要な役割を果たすことがわかるであろう．なおベクトル量が一定であるとは，ベクトルの大きさも方向も時間的に不変であることを意味する．3次元ベクトルの場合には，直交する3つの成分がすべて不変であることを意味する．

力学は，運動の原因である力と，力の作用を受けた物体の運動を論ずる学問であるが，以下では主として力が与えられたとして，ニュートンの運動の法則から出発して物体の運動を解析することを主な課題とする．

[問 4] 「床の上においてある物体にロープをかけて引っ張るとき，人がロープを引く力とロープが人を引く力は，作用反作用の法則によれば，大きさが同じで逆向きである．それゆえどんなに大きな力で引っ張っても物体は動かない．」という議論はどこが間違っているか．

ニュートンの3つの運動の法則に基づく力学を**ニュートン力学**または**古典力学**という．物体の運動の速度が光速度に近くなると古典力学は適用できない．光速度に近い運動まで扱う力学が**相対論的力学**であり，時間と空間の概念は根本的な変革を受ける．原子や分子内の現象に対しても古典力学は適用できない．このようなミクロな世界の現象を扱う力学が**量子力学**である．量子力学においても革命的な発想の転換を必要とする．たとえば量子力学の基本原理である**不確定性原理**は "粒子" の位置と速度は同時に厳密に確定することはできないと述べている．このことは，電子や光が "粒子" と "波動" の二重性をもつことに直接関係している．

[参考] ヨットが風上へ進めるわけ

力がベクトルであることを理解すれば，ヨットが風上へ進めるわけが説明できる．

簡単のためにヨットの帆を薄い平面として考える．帆が受ける力 F は，図1.9(a) に示すように，帆に垂直な方向に作用する(力の大きさは帆と風向とのなす角に関係し，帆と風向が平行ならば力は0，垂直ならば最大である)．[8] ところでヨットは構造的に横方

---

[8] この理由は5.4節の「衝突」を学ぶと理解できよう．問5(p.112)を参照せよ．

向に力を受けても横方向へは移動しない.[9] ヨットの進行方向と帆の受ける力の方向が角度 ϕ をなすとき，ヨットを進める力は $F\cos\phi$ である．したがって図 (b) に示すように風に垂直な方向へ走ることはもちろん，図 (c) に示すように風上側へ進むこともできる．真正面に風上へ向うことは不可能であるが，ジグザグに舵を取れば風上の方向へ舟を進めることができる．

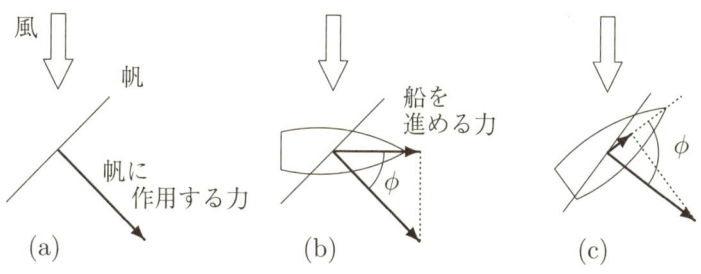

図1.9 ヨットが風上側へ進めるわけ

1.4 物理量の単位と次元

先に進む前に物理量を数量的に表す方法を述べておく．物理量は定まった単位で測定され表示される．たくさんある物理量の単位はそれぞれ勝手に決めてもよいが，物理量の間の関係を利用するといくつかの基本的な量の単位を決めれば，他の物理量の単位は基本単位から組み立てることができる．**国際単位系** (SI, Système International d'Unités の略) では**基本単位**として時間，長さ，質量，電流，温度，物質量，光度を定義している．力学の基本単位である時間，長さ，質量，および補助単位の平面角の単位は次のように決められている．

時間の単位　1秒 (s) は ^{133}Cs の放出する波長約 3.26 cm の電磁波の 1周期の 9 192 631 770 倍．

長さの単位　1メートル (m) は光が真空中を 1/299 792 458 s の間に進む距離．

質量の単位　1キログラム (kg) は国際キログラム原器の質量．

角度の単位　1ラジアン (rad) は円の中心から，半径に等しい長さの弧を見る平面角度．[10]

---

[9] 自動車を横方向へ押しても横方向へ動かないのと同じである．
[10] $1°$(度) $= \pi/180\,\mathrm{rad}$, $1'$(分) $= 1°/60$, $1''$(秒) $= 1'/60$ である．

力学で使う他のすべての物理量の単位はこの3つの基本単位と補助単位から組み立てられ，組み立て単位あるいは誘導単位と呼ばれる．たとえば速度の単位は m/s，加速度の単位は m/s^2，力の単位は m·kg/s^2 である．この力の単位には N (ニュートン，newton) という固有の名称がつけられている．[11]

ある物理量が長さ (Length) の α 乗，質量 (Mass) の β 乗，時間 (Time) の γ 乗から組み立てられるとき $[L^\alpha M^\beta T^\gamma]$ を**物理量の次元**という．たとえば，速度の次元は LT^{-1}，加速度の次元は LT^{-2}，力の次元は LMT^{-2} である．角度は無次元である．物理量の次元は，単位とは無関係な物理量の性格を表す概念である．

物理量を表す記号は単位も含んでいることに注意しよう．[12] 物理量の間の関係式においては，両辺の各項の次元はすべて等しい．物理学の式を扱うときには常にこのことに留意してほしい．式を展開したり導出したときに，各項の次元を比較することは，式が間違えてないかを点検する簡便な方法である．

[問 5] 次の量の次元を $L^\alpha M^\beta T^\gamma$ の形式で答えよ．
(a) 長さ，(b) 速度，(c) 加速度，(d) 運動量，(e) 力，(f) 角度，(g) 長さの比

[問 6] 次の計算で得られる物理量 (の次元) は何か．
(a) $\sqrt{(長さ)/(加速度)}$ (b) (力)·(時間)/(質量) (c) (密度)·(速度)^2·(面積)

1.5 投射物体の運動 —— 等加速度運動

地表付近において物体に作用する地球の引力を**重力**という．重力は物体の質量 m に比例する．この比例定数を**重力加速度**といい，通常 g と表す．したがって重力の大きさは mg と表される．場所により多少の差はあるがだいたい $g = 9.8 \, \text{m/s}^2$ である．質量 1 kg の物体に作用する重力の大きさは約 9.8 N である．これを 1 kg重 (1 kgf または 1 kgw) とも表す．[13] 重力の作用する方向

---

[11] 基本単位として cm (センチメートル)，g (グラム)，s (秒) を用いる単位系を CGS 単位系という．CGS 単位系での力の単位 cm·g/s^2 を dyn (ダイン，dyne) と記す．1 dyn = 10^{-5} N である．
[12] したがって記号には単位はつけないが，数値には必ず単位をつける，たとえば $v = 1 \, \text{m/s}$ と書く．v は速さ 1 m/s であって，m/s の単位で表した数値 1 ではない．したがって等式 $v = 1 \, \text{m/s} = 100 \, \text{cm/s} = 3.3 \, \text{feet/s}$ が成り立つ．なお単位を括弧にくくらないこと．
[13] 正確には 1 kgf = 9.80665 N である．なお 1 kgf，1 kgw の "f"，"w" は force, weight に由来する．

1.5 投射物体の運動 — 等加速度運動

を **鉛直** 方向という．余り広くない範囲を考えれば物体に作用する重力は方向も大きさも一定であると見なせる．このような一定の力を受けて運動する質点の加速度ベクトルは一定であり，運動は **等加速度運動** である．

一様な重力が作用する空間 (**重力場**) において投げ出された物体の運動を考えよう．地表に固定した座標系を採用する．この座標系は厳密な意味では慣性系ではない．しかし地球の自転による加速度は赤道上においても約 $0.034\,\mathrm{m/s^2}$，また地球の公転による加速度は約 $0.006\,\mathrm{m/s^2}$ であり，[14] これらはいずれも重力加速度 g に比べて通常は無視できる．投射物体の運動を地表付近で考える場合には，地表に固定した座標系を近似的に慣性系と考えて差し支えない．

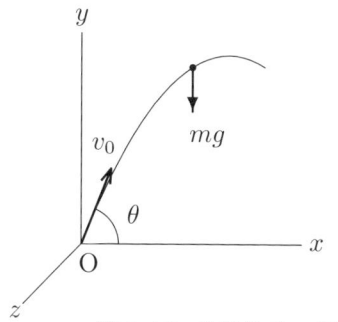

図 1.10 投射物体の運動

鉛直上方に y 軸をとり，y 軸と初速度を含む面内で水平方向に x 軸を，x, y 両軸に垂直に z 軸をとる．空気の抵抗を考えなければ，物体に作用する力は重力だけであり，その方向は $-y$ 方向，その大きさは mg である．すなわち力の x, y, z 成分は

$$F_x = 0, \qquad F_y = -mg, \qquad F_z = 0 \tag{1.26}$$

である．質点の位置座標を $x(t), y(t), z(t)$，速度の x, y, z 成分を $v_x(t), v_y(t), v_z(t)$，加速度の x, y, z 成分を $a_x(t), a_y(t), a_z(t)$ と表す．運動方程式 (1.21) を成分ごとに書く．

$$ma_x = 0, \qquad ma_y = -mg, \qquad ma_z = 0 \tag{1.27}$$

---

[14] 自転の速度は，等速円運動の加速度 $\omega^2 R$ において R に地球の半径 $6400\,\mathrm{km}$，ω に自転の角速度 $2\pi/(24 \times 3600)\,\mathrm{rad/s}$ を代入して計算される．公転速度にたいしては半径 1 億 5 千万 km, 角速度 $2\pi/(365 \times 24 \times 3600)\,\mathrm{rad/s}$ を代入すればよい．

物体が時刻 $t=0$ に，原点から水平と角度 θ をなす方向に，初速度 v_0 で投げ出されたとしよう．すなわち運動の初期条件は

$$x(0) = 0, \qquad y(0) = 0, \qquad z(0) = 0 \tag{1.28}$$

$$v_x(0) = v_0 \cos\theta, \quad v_y(0) = v_0 \sin\theta, \quad v_z(0) = 0 \tag{1.29}$$

である．任意の時刻における物体の位置と速度は，x 成分について

$$v_x(t) = v_x(0) + \int_0^t a_x(t)\,\mathrm{d}t \tag{1.30}$$

$$x(t) = x(0) + \int_0^t v_x(t)\,\mathrm{d}t \tag{1.31}$$

と表される．y 成分，z 成分についても同様な式が成り立つ．初期値 (1.29) を考慮し，式 (1.30) および y, z 成分についての同様な式を計算して

$$v_x(t) = v_0\cos\theta \qquad v_y(t) = -gt + v_0\sin\theta \qquad v_z(t) = 0 \tag{1.32}$$

を得る．さらにこの結果を式 (1.31) および y, z 成分についての同様な式に代入して計算すると，次の結果を得る．[15]

$$\left.\begin{array}{l} x(t) = (v_0\cos\theta)\,t \\ y(t) = -\dfrac{1}{2}gt^2 + (v_0\sin\theta)\,t \\ z(t) = 0 \end{array}\right\} \tag{1.33}$$

つねに $z=0$ であるから，運動は一平面内に限られる．運動の軌跡は $x(t), y(t)$ から時間 t を消去して得られる (ただし $\theta \neq 90°$ とする)．

$$y = x\tan\theta - \frac{g}{2v_0^2\cos^2\theta}x^2 \tag{1.34}$$

---

[15] 速度や位置座標を求めるために運動方程式を不定積分する場合にはつねに**積分定数**をあらわに含めること．たとえば加速度を時間で不定積分したときには

$$v_x(t) = v_1, \qquad v_y(t) = -gt + v_2, \qquad v_z(t) = v_3$$

となる．ここで v_1, v_2, v_3 は積分定数である．これらの積分定数は初期条件を与えれば決定される．$t=0$ において式 (1.29) が成り立つように v_1, v_2, v_3 を決定すれば式 (1.32) に帰着する．さらに速度 (1.32) を時間で不定積分すると

$$x(t) = (v_0\cos\theta)\,t + c_1, \quad y(t) = -\frac{1}{2}gt^2 + (v_0\sin\theta)\,t + c_2, \quad z(t) = c_3$$

となる．c_1, c_2, c_3 が積分定数である．初期条件 (1.28) を満足するようにこれらの定数を決めると $c_1 = c_2 = c_3 = 0$ であり，本文の結果 (1.33) を得る．

軌跡は図 1.11 に示すような**放物線**である．最高点の高さ h と水平到達距離 l はそれぞれ次式で与えられる．

$$h = \frac{v_0^2 \sin^2\theta}{2g} \tag{1.35}$$

$$l = \frac{v_0^2 \sin 2\theta}{g} \tag{1.36}$$

初速度の大きさが一定ならば $\theta = 45°$ の方向に投げ出す場合に最も遠方まで到達することがわかる．

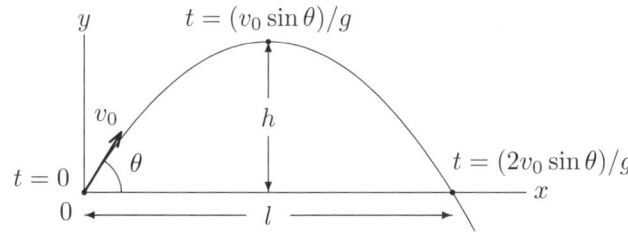

図 1.11 投射物体の描く放物線

たとえば，初速度 25 m/s (90 km/h) で水平と 45° の方向に投げた場合について計算してみよう．上の式に $v_0 = 25$ m/s, $\theta = 45°$ および $g = 9.8$ m/s^2 を代入すれば最高点の高度 $h = 15.9$ m, 到達距離 $l = 63.8$ m を得る．また飛行時間は $l/v_0 \cos\theta = 3.60$ s である．

1.6 空気の抵抗を考慮した投射物体の運動

空気中を運動する物体は現実には空気から**抵抗力**を受ける．抵抗力とは速度ベクトルの方向とは逆方向に作用する力である．身の回りの物体が通常見かける速さで空気中を運動するとき，物体が受ける抵抗力の大きさ F は速さ v の 2 乗に比例することが経験的にわかっている．

$$F = cv^2 \tag{1.37}$$

比例定数 c は物体の形状に依存する定数で，物体の質量が異なっても形が同じなら c の値は等しい．

質量 m の物体が鉛直線に沿って落下する場合を考えよう．鉛直下方に x 軸

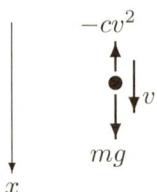

図 1.12 速度の 2 乗に比例する抵抗を受けて落下する物体

をとると，物体に作用する重力は $+mg$ (x 軸正方向)，抵抗力は $-cv^2$ (x 軸負方向) と表されるから，運動方程式は

$$m\frac{dv}{dt} = mg - cv^2 \tag{1.38}$$

となる．$x=0$ から初速度 0 で落下する場合を考える．落下し始めた直後は抵抗力は小さく，速さは重力加速度 g で増加するが，速くなるにしたがい抵抗力が大きくなり，最終的には抵抗力と重力とが釣り合う一定の速さに近づく．このときの速さを**終端速度**と呼ぶ．終端速度を v_f と書くと，$mg = cv_\mathrm{f}^2$ より

$$v_\mathrm{f} = \sqrt{\frac{mg}{c}} \tag{1.39}$$

と表される．終端速度を使うと運動方程式 (1.38) は次のように変形される．

$$\frac{dv}{dt} = \frac{g}{v_\mathrm{f}^2}(v_\mathrm{f} - v)(v_\mathrm{f} + v) \tag{1.40}$$

両辺の逆数をとり，左辺の分数を和の形に書き換えると

$$\frac{dt}{dv} = \frac{v_\mathrm{f}}{2g}\left(\frac{1}{v_\mathrm{f} - v} + \frac{1}{v_\mathrm{f} + v}\right) \tag{1.41}$$

となる．両辺を v で積分して次の関係を得る．

$$t = \frac{v_\mathrm{f}}{2g} \log\left|\frac{v_\mathrm{f} + v}{v_\mathrm{f} - v}\right| + t_0 \tag{1.42}$$

t_0 は積分定数である．$t=0$ で $v=0$ となるように t_0 を決定すると，$t_0 = 0$ である．与えられた初期条件のもとではつねに $v < v_\mathrm{f}$ であるから上式の絶対値記号は必要ない．得られた式を v について解けば次の結果を得る．

$$v(t) = \frac{1 - e^{-2gt/v_\mathrm{f}}}{1 + e^{-2gt/v_\mathrm{f}}} v_\mathrm{f} \tag{1.43}$$

または双曲関数 (18 ページ参照) を使うと次の式で表される.

$$v(t) = v_\mathrm{f} \tanh \frac{gt}{v_\mathrm{f}} \tag{1.44}$$

速度の時間変化を図 1.13 に示す. $t = 0$ では直線 $v = gt$ に接するが, 時間がおよそ $2v_\mathrm{f}/g$ も経てば速さはほぼ終端速度になることがわかる.

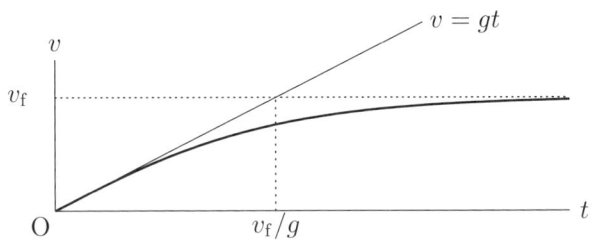

図 1.13 速度の 2 乗に比例する抵抗を受けて落下する物体の速度変化

速度の式 (1.44) を時間について 0 から t まで定積分すれば (初期位置は $x(0) = 0$ なので) 次式を得る.

$$\begin{aligned} x(t) &= \frac{v_\mathrm{f}^2}{g} \log\left(\cosh \frac{gt}{v_\mathrm{f}}\right) \\ &= v_\mathrm{f}\left(t - \frac{v_\mathrm{f}}{g}\log\frac{2}{1+\mathrm{e}^{-2gt/v_\mathrm{f}}}\right) \end{aligned} \tag{1.45}$$

時間が v_f/g に比べて十分に経った後には次式で表される.

$$x(t) \cong v_\mathrm{f}\left(t - \frac{(\log 2)\, v_\mathrm{f}}{g}\right) \tag{1.46}$$

[問 7] 鉛直上方を x 軸正方向とするとき, 速度の 2 乗に比例する大きさ cv^2 ($c > 0$) の抵抗力を受けて鉛直線上を (a) 上方に (b) 下方に 運動する質点の運動方程式を書け.

[問 8] 鉛直上方を x 軸正方向とするとき, 速さ v に比例する大きさ cv ($c > 0$) の抵抗力を受けて鉛直線上を運動する質点の運動方程式は, 運動方向に関係なく次の式で表されることを説明せよ.

$$m\frac{\mathrm{d}v}{\mathrm{d}t} = -mg - cv \tag{1.47}$$

$t = 0$ で $x = 0, v = v_0$ として $v(t), x(t)$ を求めよ.

[参考] 双曲関数

次の式で定義される関数 sinh, cosh, tanh を双曲関数という．

$$\sinh x = \frac{e^x - e^{-x}}{2} \tag{1.48}$$

$$\cosh x = \frac{e^x + e^{-x}}{2} \tag{1.49}$$

$$\tanh x = \frac{\sinh x}{\cosh x} = \frac{e^x - e^{-x}}{e^x + e^{-x}} \tag{1.50}$$

直接微分することによって次の関係が成り立つことが確かめられよう．

$$\frac{d}{dx}\sinh x = \cosh x, \quad \frac{d}{dx}\cosh x = \sinh x \tag{1.51}$$

これらの関係を使うと $\tanh x$ の積分が容易に得られる．

$$\int \tanh x \, dx = \int \frac{(\cosh x)'}{\cosh x} dx = \log(\cosh x) \tag{1.52}$$

ただし $'$ は x での微分を意味する．

ある野球のボールの終端速度は $42\,\mathrm{m/s}$ である．この値を式 (1.44), (1.45) に代入してボールの落下速度と落下距離をいくつかの時間に対して計算し，抵抗のない場合と比較したのが表 1.1 である．

表 1.1 終端速度 $42\,\mathrm{m/s}$ の場合の速度 $v(t)$ と落下距離 $x(t)$，および抵抗がない場合の速度 gt と落下距離 $gt^2/2$．

時間 t	(s)	1	2	5	10	20	50
$v(t)$	(m/s)	9.63	18.3	34.6	41.2	42.0	42.0
gt	(m/s)	9.80	19.6	49.0	98.0	196	490
$x(t)$	(m)	4.86	18.9	102	297	715	1975
$\frac{1}{2}gt^2$	(m)	4.90	19.6	122.5	490	1960	12250

抵抗を考えなければ約 4.3 秒後には終端速度の約 80% に達する．したがってそれ以後は抵抗を考えなければまったく現実とかけ離れてしまう．飛行機から

1.6 空気の抵抗を考慮した投射物体の運動

パラシュートを背負って飛び降りるスカイダイビングにおいては,手足を広げたダイバー (質量 70 kg) の終端速度は $v_\mathrm{f} = 54 \,\mathrm{m/s}$ (約 200 km/h) 程度である.飛び降りて約 10 秒後には終端速度に達し,約 30 秒間で 1300 m ほど落下した後パラシュートを開くという.

[問 9] 質量は違うが形状が同じ 2 つのボールがある.同じ速度で運動しているときには,2 つのボールが受ける空気の抵抗力は等しい.2 つのボールを同じ高さから同時に落下させるときどちらが先に地面に達するか.

[問 10] ボールを真上に投げ上げた.空気の抵抗を考えると,最高点に達するまでの時間と最高点から元の位置まで落ちてくる時間はどちらが長いか.

[問 11] 空中を半径 a の水滴が速度 v で落下するときに作用する抵抗力の大きさ F は $F = k_1 a v + k_2 a^2 v^2$ と表される.$k_1 = 3.1 \times 10^{-4} \,\mathrm{kg/m \cdot s}$,$k_2 = 0.87 \,\mathrm{kg/m^3}$ である.半径 2 mm の雨滴の終端速度を求めよ.速度に比例する抵抗力と速度の 2 乗に比例する抵抗力のどちらが重要か.

[参考] 空気抵抗が速度の 2 乗に比例することを確かめる.

"クッキングカップ" や "おかず入れ" に使われる図のような「アルミケース」の間仕切りに入っている紙製カップを静かに落下させるときの終端速度は約 1 m/s 程度である.つまり 0.2 s 後には終端速度に達し,その後は一定速度で落下する.このカップは数枚重ねても形はほとんど変わらないので,抵抗係数 c も変わらないと見なしてよい.もし空気の抵抗力が速度に比例するならば,終端速度は $v_\mathrm{f} = mg/c$ であり,質量に比例するので,2 枚重ねで 2 倍の速さで落下する.空気の抵抗力が速度の 2 乗に比例するならば,終端速度は $v_\mathrm{f} = \sqrt{mg/c}$ であり,質量の平方根に比例するので,4 枚重ねで 2 倍の速さで落下する.実験してみればわかるように,2 枚重ねでは速度は 1.4 倍程度で,4 枚重ねで 2 倍になる.すなわち抵抗力は速度の 2 乗に比例することがわかる.確かめてみ

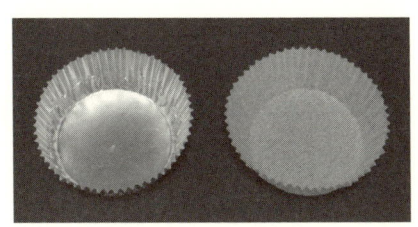

図 1.14 アルミケース (左) と間仕切りの薄い紙製カップ (右)

よう．終端速度が少し速くなるが，アルミ製や厚紙のカップ本体を用いても検証することができる．

鉛直な平面内で運動する場合には，速度の 2 乗に比例する抵抗力の x, y 成分は図 1.15 からわかるように $-cvv_x, -cvv_y$ と表される．運動方程式は

$$\left.\begin{array}{l} m\dfrac{d^2x}{dt^2} = -cv\dfrac{dx}{dt} \\ m\dfrac{d^2y}{dt^2} = -mg - cv\dfrac{dy}{dt} \end{array}\right\} \qquad (1.53)$$

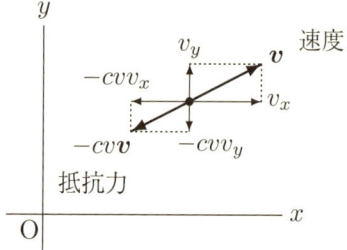

図 1.15 速度の 2 乗に比例する抵抗力 (2 次元の場合)

と書き表される．ただし v は次式で計算される質点の速さである．

$$v = \sqrt{\left(\dfrac{dx}{dt}\right)^2 + \left(\dfrac{dy}{dt}\right)^2} \qquad (1.54)$$

方程式 (1.53) の解は解析的には求まらないが，コンピュータにより数値的に解くことは容易である．前節と同じ初期条件において，抵抗係数を $c/m = 0.004\,\mathrm{m^{-1}}$

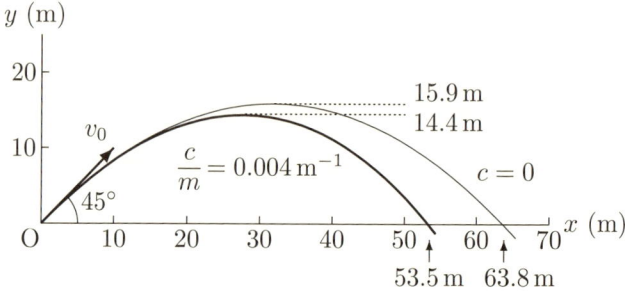

図 1.16 投射体に対する空気の抵抗の影響．$v_0 = 25\,\mathrm{m/s}$ として計算

として数値計算した結果を図 1.16 に示す．比較のために空気抵抗を考慮しないときの放物線軌道も合わせて描いてある．一般に球技においてボールの飛距離を考える場合に空気抵抗が無視できないことがわかるであろう．スキーのジャンプはいかにして空気抵抗を小さくする姿勢を取るかの競技といえよう．

[参考] 運動方程式の数値解法

数値的に運動方程式を解く最も簡単な方法を示そう．時刻 t における位置 $(x(t), y(t))$ と速度 $(v_x(t), v_y(t))$ がわかっていれば，運動方程式よりその時刻の加速度 $(a_x(t), a_y(t))$ が求まる．この加速度を使って Δt 後の速度は

$$\left.\begin{array}{l} v_x(t+\Delta t) = v_x(t) + a_x(t)\Delta t \\ v_y(t+\Delta t) = v_y(t) + a_y(t)\Delta t \end{array}\right\} \tag{1.55}$$

と計算される．また $t + \Delta t$ における位置座標は

$$\left.\begin{array}{l} x(t+\Delta t) = x(t) + v_x(t+\Delta t)\Delta t \\ y(t+\Delta t) = y(t) + v_y(t+\Delta t)\Delta t \end{array}\right\} \tag{1.56}$$

と計算される．位置座標を計算するとき $v_x(t+\Delta t), v_y(t+\Delta t)$ を使うことに注意しよう．$v_x(t), v_y(t)$ を用いるよりも精度がずっと向上するからである．コンピュータの適当なソフトを用いて，以上の操作を繰り返せば，Δt 間隔で位置と速度が次々と求まっていく．ただしこの単純な計算法では $x(t)$ と $v(t)$ には Δt 程度の時間のずれがあるので，きざみ Δt が十分に小さくない場合には，この点に注意されたい．

1.7 単振動

一般に安定な平衡点に静止している質点を平衡点からずらすとき，質点には平衡点に戻そうとする力が作用する．このような力を復元力という．復元力の大きさは，平衡点からの変位が小さいときには，変位に比例する．この比例関係を **フックの法則** と呼ぶ．[16]

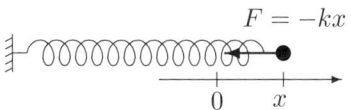

図 **1.17** 水平なバネに結ばれた質点

---

[16] イギリスの物理学者, 生物学者のロバート・フック (Robert Hooke, 1635–1703) が 1660 年に見いだした法則である．

図 1.17 のように水平なバネの一端に固定された質点の運動を考えよう．バネに伸び縮みのないときの質点の位置 (平衡点) を $x=0$ とし，バネが伸びる方向に $+x$ 軸をとる．質点の平衡点からの変位を x とすると，質点に作用する復元力 F は

$$F = -kx \tag{1.57}$$

と表される．マイナスは $|x|$ を減少させる向きの力であることを意味する．比例定数 k を **バネ定数** あるいは一般に **弾性定数** という．質点に作用する x 方向の力はバネの復元力だけであるとすれば，運動方程式は次のように書ける．

$$m\frac{\mathrm{d}^2 x}{\mathrm{d}t^2} = -kx \tag{1.58}$$

図 1.18 のように，バネに吊した質点が鉛直線上で運動する場合には，質点にはバネの復元力の他に重力が作用する．バネに伸び縮みのないときの質点の位置を $x'=0$ とし，鉛直下方に $+x'$ 軸をとると，運動方程式は

$$m\frac{\mathrm{d}^2 x'}{\mathrm{d}t^2} = mg - kx' \tag{1.59}$$

となる．左辺の力が 0 となる位置 $x' = mg/k \equiv x_0$ は釣り合いの位置である．すなわちこの位置で質点は静止状態を保つことができる．釣り合いの位置から

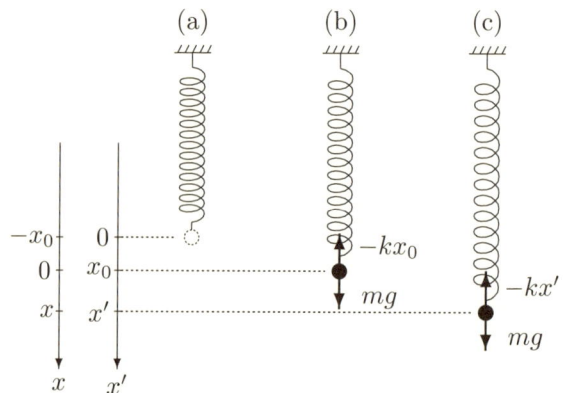

図 1.18 鉛直なバネに結ばれた質点 (a) バネに伸び縮みがない位置
(b) 釣り合いの位置 ($kx_0 = mg$) (c) バネの伸びが x の位置

1.7 単振動

測った質点の変位を

$$x = x' - \frac{mg}{k} = x' - x_0 \tag{1.60}$$

としよう．x_0 は定数なので $\mathrm{d}^2 x'/\mathrm{d}t^2 = \mathrm{d}^2 x/\mathrm{d}t^2$ であるから，運動方程式 (1.59) を x で表すと

$$m\frac{\mathrm{d}^2 x}{\mathrm{d}t^2} = -k\left(x' - \frac{mg}{k}\right) = -k(x' - x_0) = -kx \tag{1.61}$$

となり，式 (1.58) に帰着する．

さて運動方程式 (1.58) の両辺を m で割って

$$\omega = \sqrt{\frac{k}{m}} \tag{1.62}$$

を定義すると，次の方程式を得る．

$$\frac{\mathrm{d}^2 x}{\mathrm{d}t^2} = -\omega^2 x \tag{1.63}$$

この微分の関係式を満たす関数に $\sin\omega t$ と $\cos\omega t$ がある．これらは互いに独立であるので，方程式 (1.63) の一般解はその 1 次結合で表される．[17]

$$x(t) = c_1 \sin\omega t + c_2 \cos\omega t \tag{1.64}$$

ここで c_1 と c_2 は定数である．式 (1.64) は次の形に表すこともできる．

$$x(t) = A\sin(\omega t + \alpha) \tag{1.65}$$

または

$$x(t) = B\cos(\omega t + \beta) \tag{1.66}$$

ただし A と α または B と β は定数で，c_1, c_2 とは次の関係にある．

$$A\cos\alpha = c_1, \quad A\sin\alpha = c_2 \tag{1.67}$$

$$-B\sin\beta = c_1, \quad B\cos\beta = c_2 \tag{1.68}$$

これらの式 (1.64)〜(1.66) で記述される運動を **単振動** または **調和振動** といい，ω を **角振動数**，A, B を **振幅**，$\omega t + \alpha$ または $\omega t + \beta$ を **位相**，α または β を **初期位相**という．[18] また $\nu = \omega/2\pi$ を **振動数**，$T = 1/\nu = 2\pi/\omega$ を振動の **周期**

---

[17] 数学の定理によれば，2 階微分方程式の互いに独立な特殊解を 2 つ見つければ，一般解はそれらの 1 次結合として表される．
[18] 位相は通常その差 (位相差) のみが問題となるので，位相が 0 の基準はそれぞれの場合に応じて適当に選んでよい．

という．[19]

　一般解における2つの定数は運動の初期条件を与えれば決定される．例として鉛直なバネに吊した質点を，バネに伸び縮みがない位置 $(x'=0)$ に保持し，$t=0$ に静かに放す場合を考えよう．式 (1.59) の一般解を

$$x'(t) = x_0 + B\cos(\omega t + \beta), \quad x_0 = \frac{mg}{k} \tag{1.69}$$

と表そう．初期条件

$$t=0 \quad \text{において} \quad x'=0 \quad \text{および} \quad \frac{\mathrm{d}x'}{\mathrm{d}t} = 0 \tag{1.70}$$

を満たすように定数 B と β を決めると $B=-x_0,\ \beta=0$ を得る．[20]結果は次の式で表される．

$$x'(t) = x_0(1 - \cos\omega t) \tag{1.71}$$

実際の振動にはなんらかの減衰機構があり，時間とともに振幅は小さくなり，ついには釣り合い位置に静止する．減衰力まで含めた振動については後節で扱う．

[問 12] バネにおもりを吊るして上下に振動させるときの周期は，おもりを吊るして平衡位置に保ったときのバネの伸びがわかれば (おもりの質量やバネのバネ定数が知れていなくとも) 求まるという．この理由を説明せよ．

[問 13] ある物体を軽いバネに吊るしたらバネが 10 cm 伸びて釣り合った．物体が単振動するときの周期を求めよ．

1.8　束縛運動

　質点の軌跡がはじめから定まっている場合の運動を **束縛運動** (または拘束運動) という．運動の法則によれば，質点の運動は，質点に作用する力が与えられれば，速度も軌跡も決定される．質点があらかじめ定まった曲線にそって運動するということは，質点をその曲線に束縛する力が作用していることを意味する．この力を **束縛力** という．軌跡の接線方向に作用する力は，加速または減

---

[19] 振動数，角振動数はともに T^{-1} (時間の逆数) の次元をもつが，振動数の単位は Hz，角振動数の単位は s^{-1} または rad/s と表す．

[20] 初期条件を与えれば運動は唯一である．数学的には $B=x_0,\ \beta=\pi$ や $B=-x_0,\ \beta=2\pi$ なども式 (1.70) を満たすが，いずれも同じ運動を表す．したがって最も扱いやすいものをひとつ採用すればよい．

速を引き起こす力であり，通常，束縛力には含めない．つまり束縛力の方向は軌跡に垂直である．

水平な床の上にある物体を考えよう（図 1.19(a) 参照）．床面上に限られる物体の運動は束縛運動の一例である．物体には重力 mg が下向きに作用するが，重力の大きさに等しい上向きの力を床面から受ける．一般に 2 つの物体が接触しているときに，接触面を通して垂直に作用する力を **垂直抗力** という．いまの場合，この垂直抗力が束縛力である．[21]

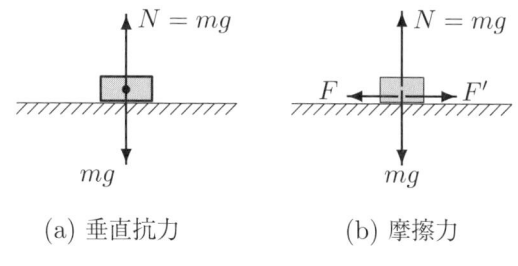

(a) 垂直抗力　　　　(b) 摩擦力

図 1.19 水平な床の上の物体

さて静止している物体に水平方向の外力を加えよう（図 1.19(b) 参照）．力が小さい間は物体は動き出さない．このことは，物体にはこの力と釣り合う抵抗力が作用していることを意味する．この抵抗力は床面との接触によって生じる．接触面に作用する抵抗力を **摩擦力** と呼ぶ．摩擦力が作用しない場合には，接触は "なめらか" であるという．物体と接触面の間に滑りが生じてない場合に，作用する摩擦力を静摩擦力という．静摩擦力にはある限界値があり，その値 F_m は接触面の面積には無関係で，垂直抗力 N に比例することが経験的にわかっている．

$$F_\mathrm{m} = \mu N \tag{1.72}$$

この比例定数 μ を **静摩擦係数** または **静止摩擦係数** という．物体に加える力がこの限界値 F_m を越えると物体は床の上を滑り出す．物体と接触面の間に滑り

---

[21] 物体が床から受ける垂直抗力は重力の反作用ではない．重力の反作用は地球が受けもつ．物体が受ける垂直抗力は物体が床を押す力と作用・反作用の関係にある．

表1.2 摩擦係数. 潤滑: 潤滑油を塗った接触面, 湿潤: 濡れている接触面, その他: 乾燥した清浄な接触面. この表は特定の条件のもとで測定した一例と考えてほしい.

材料	静摩擦係数 μ	動摩擦係数 μ'
鋼 － 鋼	0.75	0.57
金属 － 金属 （潤滑）	0.10	0.07
ガラス － ガラス	0.94	0.4
ガラス － 金属	0.7	0.5
ガラス － 金属 （湿潤）	0.3	
木材 － 木材	0.6	0.4
ゴム － 固体	0.9	0.7
テフロン － テフロン	0.04	0.04

が生じているときに作用する摩擦力を動摩擦力という. やはり経験則によれば, 動摩擦力の大きさ F は, 接触面の面積および滑りあう速さには無関係で, 垂直抗力に比例する.

$$F = \mu' N \tag{1.73}$$

比例定数 μ' を **動摩擦係数** または **運動摩擦係数** と呼ぶ. 通常 μ' は μ より少し小さい.

摩擦係数 μ, μ' は接触しあう物体の面の状態に非常に敏感である. 一例を表1.2に示す.

次に, 水平と角度 α をなす斜面を滑り下りる物体を考えよう. 物体には重力 mg の他に斜面から力を受ける. 斜面に垂直な力の成分が **垂直抗力** N, 斜面に平行な成分が **摩擦力** F である (図1.20参照). 垂直抗力が束縛力である. 斜面に沿って下向きに x 軸, 斜面と垂直方向に y 軸をとって運動方程式を書き表そう.

$$m\frac{\mathrm{d}^2 x}{\mathrm{d}t^2} = mg\sin\alpha - F \tag{1.74}$$

$$m\frac{\mathrm{d}^2 y}{\mathrm{d}t^2} = -mg\cos\alpha + N \tag{1.75}$$

1.8 束縛運動

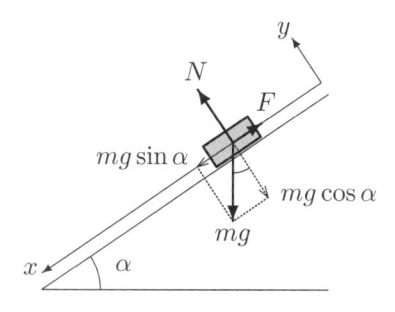

図 1.20 斜面の上の物体

物体がつねに斜面上にあるという条件 $y=0$ から垂直抗力 N が求まる．

$$N = mg\cos\alpha \tag{1.76}$$

運動を決定するには式 (1.74) だけで十分であることがわかる．一般に束縛運動においては，軌道があらかじめわかっているので運動を決定するのに運動方程式をすべて使う必要はない．この場合，**運動の決定に不必要な情報は束縛力を決定するのに使われる．**

物体には，斜面に沿って下方に動かそうとする力 $mg\sin\alpha$ が作用しているが，角度 α が小さいときには，物体は斜面の上に静止していることができる．このことは，式 (1.74) の右辺が 0 となるように摩擦力が生じることを意味する．物体が斜面を滑り出すためには

$$mg\sin\alpha > F_\mathrm{m} = \mu N = \mu mg\cos\alpha \tag{1.77}$$

が成り立たなければならない．すなわち

$$\tan\alpha > \mu \tag{1.78}$$

でなければならない．$\tan\alpha = \mu$ となる角度 $\alpha\,(=\tan^{-1}\mu)$ を**摩擦角**という．物体が斜面を滑り始めると，物体に作用する摩擦力 (動摩擦力) の大きさは $\mu' mg\cos\alpha$ であるから運動方程式より

$$\frac{\mathrm{d}^2 x}{\mathrm{d}t^2} = g(\sin\alpha - \mu'\cos\alpha) \tag{1.79}$$

となる．μ' が一定と見なされるなら等加速度運動をすることがわかる．

[問 14] 前輪駆動の自動車が平地で出しうる最大加速度はどれほどか．ただし前輪には自動車の総重量の 1/2 がかかる．タイヤと路面の静摩擦係数は 1 とする．

[問 15] 板の上に本をおいて傾けていったところ傾き角が 31° になったとき滑り出し，斜面に沿って 1 m 滑るのに 1.5 s かかった．静摩擦係数と動摩擦係数を求めよ．

1.9 接線加速度と法線加速度

加速度ベクトルを質点の進行方向の成分とそれに直角方向の成分に分けることを考えよう．次節で見るように，この方が直交座標の成分に分けるよりも運動の記述が簡単となる場合がある．

質点が一般に曲線を描いて運動しているとき (図 1.21 参照)，軌跡上の接近した 2 点 P, P′ を通過するときの速度をそれぞれ v, v' とする．2 点が十分に接近していれば，曲線 PP′ は円弧と見なすことができる．この円弧を含む円の半径 R を**曲率半径**，円の中心 C を**曲率中心**と呼ぶ．一般には軌跡上の位置に応じて，曲率中心の位置も曲率半径も変化する．

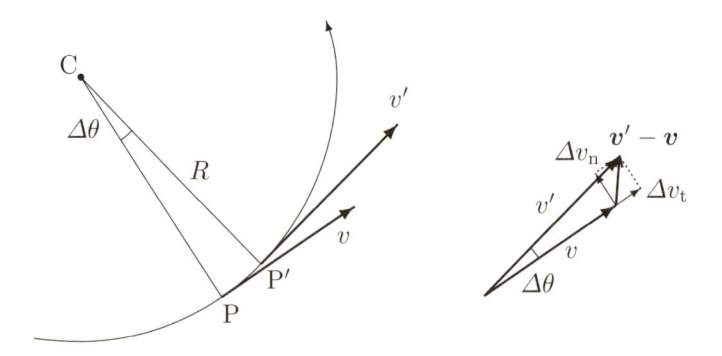

図 1.21 接線方向と法線方向の速度変化

質点が P から P′ まで進む微小時間を Δt とし，この間の速度ベクトルの変化 $v' - v$ を，v の方向の成分 Δv_t とそれに直角方向の成分 Δv_n に分ける．v

と v' のなす角度 $\Delta\theta$ は微小であることに注意すれば

$$\Delta v_\text{t} \cong v' - v = \Delta v \tag{1.80}$$

$$\Delta v_\text{n} \cong v\Delta\theta \tag{1.81}$$

と書ける．ただし $\Delta v = v' - v$ は速さの変化である．速度の方向の加速度成分 a_t とそれに直角方向の加速度成分 a_n は次のように定義される．

$$a_\text{t} = \lim_{\Delta t \to 0} \frac{\Delta v_\text{t}}{\Delta t} = \lim_{\Delta t \to 0} \frac{\Delta v}{\Delta t} = \frac{dv}{dt} \tag{1.82}$$

$$a_\text{n} = \lim_{\Delta t \to 0} \frac{\Delta v_\text{n}}{\Delta t} = \lim_{\Delta t \to 0} \frac{v\Delta\theta}{\Delta t} = \frac{v^2}{R} \tag{1.83}$$

ただし a_n の最後の結果を求める際に弧 PP′ の長さ $R\Delta\theta$ が $v\Delta t$ に等しいことを使った．a_t は **接線加速度** (tangential acceleration) といい，速さの変化に伴う加速度である．一方，a_n は **法線加速度** (normal acceleration) といい，速度の方向の変化に伴う加速度である．法線加速度はつねに軌道の曲率中心の方向を向いていることに注意しよう (図 1.22 参照)．

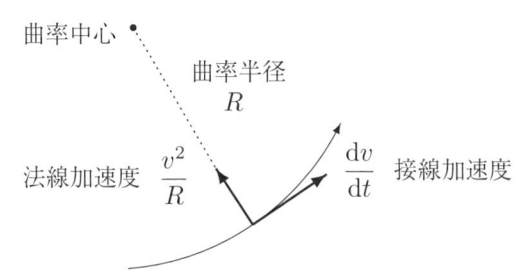

図 1.22 接線加速度と法線加速度

　直線は，曲率半径が無限大の極限であるので，直線運動している質点の法線加速度は 0 である．円の場合には，曲率中心はつねに円の中心であり，曲率半径は円の半径にほかならない．特に半径 a の円周上を一定の速さ v で運動する質点の場合には，速さは一定であるから接線加速度は 0 であり，法線加速度の大きさは v^2/a である．したがって円運動している質点には，つねに中心に向かう力 $mv^2/a\,(=ma\omega^2, \omega$ は角速度$)$ が作用している．この力を **向心力** または **求心力** と呼ぶ．

[問 16] 晴れた日と雨の日にカーブを時速 60km/h で走る車がスリップなしに曲がれる最小の曲率半径を求めよ．ただし路面は水平で，タイヤと路面との静摩擦係数は，路面が乾いているとき 0.8，濡れているとき 0.6 とする．

1.10 単振り子

一端を固定した軽い糸につながれた質点が鉛直面内で往復運動するとき，この力学系を **単振り子** という (図 1.23 参照)．糸の代わりに固定点 (支点) のまわりに自由に回転できる軽い棒であってもよい．糸の長さを l，質点の質量を m とする．質点は支点 O を中心とする半径 l の円周上で運動する．これは **束縛運動** の一例である．運動は，糸が鉛直下方となす角度 θ を時間の関数として表せば，完全に決定される．このとき質点の速さ v は次式で表される．

$$v = l \frac{d\theta}{dt} \tag{1.84}$$

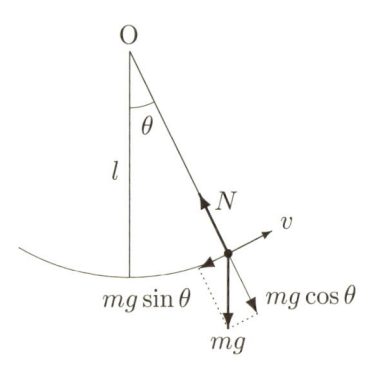

図 1.23 単振り子

質点の軌跡の曲率中心は固定点 (支点) であり，曲率半径はつねに l に等しいので，運動方程式は接線方向と法線方向について書き表す方が直交成分に分けて表すよりも見通しがよい．質点に作用する力は重力 mg と 糸の張力 N である．まず，接線方向の力の成分は $-mg\sin\theta$ だけである．接線加速度 dv/dt と質量の積を接線方向の力に等しいとおいて

$$m \frac{dv}{dt} = -mg\sin\theta \tag{1.85}$$

を得る．次に，法線方向の力は糸の張力 N と重力の成分 $-mg\cos\theta$ である (法線方向の力は曲率中心の方向を正ととる)．法線加速度 v^2/l と質量の積を法線方向の力の和に等しいとおいて

$$m \frac{v^2}{l} = N - mg\cos\theta \tag{1.86}$$

を得る．方程式 (1.85) は (1.84) の関係を使うと

$$\frac{d^2\theta}{dt^2} = -\frac{g}{l}\sin\theta \tag{1.87}$$

となる．この方程式は θ のみの式なので，運動はこの式だけで決定される．式 (1.86) は質点が糸から受ける束縛力 (糸の張力 N) を決定する．

最初に最下点付近の微小振動を調べよう．$|\theta| \ll 1$ における近似 $\sin\theta \cong \theta$ を用いて次式を得る．

$$\frac{d^2\theta}{dt^2} = -\omega^2\theta \tag{1.88}$$

$$\omega = \sqrt{\frac{g}{l}} \tag{1.89}$$

これは単振動の方程式と同形であり，その解は一般に

$$\theta(t) = \theta_0 \sin(\omega t + \alpha) \tag{1.90}$$

と表される．角度の振幅 θ_0 と初期位相 α は運動の初期条件によって決まる定数である．振り子の**周期** T は

$$T = \frac{2\pi}{\omega} = 2\pi\sqrt{\frac{l}{g}} \tag{1.91}$$

と表される．周期は質点の質量や振動の振幅には依存しない．これを**振り子の等時性**という．

次に，最下点において初速度 v_0 を与えた振り子の運動を調べよう．接線方向の運動方程式 (1.85) の両辺を m で割って，左辺に v を，右辺に $l\, d\theta/dt\, (=v)$ を掛けると次の式を得る．

$$v\frac{dv}{dt} = -gl\sin\theta\frac{d\theta}{dt} \tag{1.92}$$

両辺を t で積分しよう．

$$\frac{1}{2}v^2 = gl\cos\theta + \text{const.} \tag{1.93}$$

最下点 $\theta = 0$ において $v = v_0$ となるように積分定数を選ぶと，次の関係を得る．

$$v^2 = v_0^2 - 2gl(1 - \cos\theta) \tag{1.94}$$

この v^2 を法線方向の運動方程式 (1.86) に代入すると，質点に作用する力 N が角度の関数として求まる．

$$N = \frac{mv_0^2}{l} - mg(2 - 3\cos\theta) \tag{1.95}$$

この力 N が糸の張力である．張力が負 $N < 0$ の場合には糸は質点を束縛しえないことに注意しよう．$N \geqq 0$ であるためには $v_0^2 \geqq 5gl$（一方向の回転）または $v_0^2 \leqq 2gl$（振れ角が $\pi/2$ 以下の往復運動）でなければならない．一方，質点が軽い棒に支えられている場合には $N < 0$ であってもよい．この場合には $v_0^2 > 4gl$ のときは一方向の回転，$v_0^2 < 4gl$ のときは往復運動となる．

質点が往復運動する場合に振れ角の最大値 θ_0 は初速度 v_0 と

$$\cos\theta_0 = 1 - \frac{v_0^2}{2gl} \tag{1.96}$$

の関係にある．この関係式を使うと式 (1.94) は

$$v^2 = 2gl(\cos\theta - \cos\theta_0) \tag{1.97}$$

と書ける．これらの式 (1.94), (1.97) は次章の力学的エネルギー保存則を使えば直ちに求まる関係式であることを指摘しておく．

[問 17] 長さ 1 m の振り子の（微小振動の）周期はどれほどか．

[参考] 振り子の振幅と周期

周期の式 (1.91) は微小振動の場合の近似式であることを注意しておく．単振り子の振幅が周期にどのくらい影響するか調べよう．運動方程式から近似を使わないで求めた式 (1.97) に式 (1.84) の関係を使って次の式を得る．

$$\left(\frac{d\theta}{dt}\right)^2 = \frac{2g}{l}(\cos\theta - \cos\theta_0) = \frac{4g}{l}\left(\sin^2\frac{\theta_0}{2} - \sin^2\frac{\theta}{2}\right) \tag{1.98}$$

質点が最下点を通過して上がっていくときを考えると $d\theta/dt > 0$ であるから

$$\frac{d\theta}{dt} = 2\sqrt{\frac{g}{l}\left(\sin^2\frac{\theta_0}{2} - \sin^2\frac{\theta}{2}\right)} \tag{1.99}$$

を得る．角度 θ が 0 から θ_0 までに到る時間は振り子の周期 T の 1/4 に等しいから，次の式が成り立つ．

$$\frac{T}{4} = \frac{1}{2}\sqrt{\frac{l}{g}} \int_0^{\theta_0} \frac{d\theta}{\sqrt{\sin^2\frac{\theta_0}{2} - \sin^2\frac{\theta}{2}}} \tag{1.100}$$

右辺の積分は楕円積分と呼ばれ，初等関数で表すことはできないが，以下のようにして周期に対する振幅 θ_0 の影響を近似的に求めることができる．まず次の関係を使って積分変数を θ から ϕ に変換する．

$$\sin\frac{\theta}{2} = \sin\frac{\theta_0}{2}\sin\phi \tag{1.101}$$

$$\frac{1}{2}\cos\frac{\theta}{2}\,d\theta = \sin\frac{\theta_0}{2}\cos\phi\,d\phi \tag{1.102}$$

これらの関係を式 (1.100) に代入して次の式を得る．

$$T = 4\sqrt{\frac{l}{g}}\int_0^{\pi/2}\frac{d\phi}{\sqrt{1-\sin^2\frac{\theta_0}{2}\sin^2\phi}} \tag{1.103}$$

振幅 θ_0 を小さいと考えて分母の平方根を級数展開して計算し，次の結果を得る．

$$T = 4\sqrt{\frac{l}{g}}\int_0^{\pi/2}\left(1+\frac{1}{2}\sin^2\frac{\theta_0}{2}\sin^2\phi+\cdots\right)d\phi$$

$$= 2\pi\sqrt{\frac{l}{g}}\left(1+\frac{1}{4}\sin^2\frac{\theta_0}{2}+\cdots\right)$$

$$= 2\pi\sqrt{\frac{l}{g}}\left(1+\frac{1}{16}{\theta_0}^2+\cdots\right) \tag{1.104}$$

たとえば角度の振幅を $10°$ ($\theta_0 \cong 0.17\mathrm{rad}$) とすると，周期は微小振動の周期 (1.91) の 1.002 倍であることがわかる．なお，上の式は $\sin^2(\theta_0/2)$ が 1 に比べて十分に小さい場合の近似式であるが，θ_0 が $\pi/2$ 程度でも誤差はそれほど大きくない．半円の振動 (角度の振幅が $90°$ の場合) に対して上の式を使うと 1.15 倍と計算されるが，正しい周期は微小振動の約 1.18 倍である．

1.11　減衰振動

すべての振動は，実際には運動を妨げるさまざまな力を受け減衰する．振動を維持するためには，周期的な外力を加えてやらねばなない．ここでは減衰する振動を調べる．

平衡点に向かう復元力を受けて振動している物体は，現実には空気抵抗，弾性体内の内部摩擦などの抵抗を受けるため，次第に振幅が減少して，やがては止まってしまう．この過程を力学的に記述するためには，運動方程式に抵抗力 (減衰力) を導入すればよい．接触による摩擦によって振動が減衰するような場合

を除くと，振動を減衰させる力はよい近似で速度に比例すると考えてよい．速度に比例する抵抗力は運動方程式の解析的な取り扱いを容易にするので，振動の減衰を考える際に最もよく用いられる．

速度が v のときの抵抗力を $-cv$ (c は正の定数) と表すと運動方程式は

$$m\frac{\mathrm{d}^2 x}{\mathrm{d}t^2} = -kx - c\frac{\mathrm{d}x}{\mathrm{d}t} \tag{1.105}$$

と書ける．両辺を m で割って整理すると次式を得る．

$$\frac{\mathrm{d}^2 x}{\mathrm{d}t^2} + 2\gamma\frac{\mathrm{d}x}{\mathrm{d}t} + \omega_0^2 x = 0 \tag{1.106}$$

ただし

$$\omega_0 = \sqrt{\frac{k}{m}} \tag{1.107}$$

は減衰のないときの固有角振動数，また

$$\gamma = \frac{c}{2m} \tag{1.108}$$

は減衰を表す定数である．いま

$$x(t) = \mathrm{e}^{-\gamma t} u(t) \tag{1.109}$$

とおいて，上の方程式 (1.106) を $u(t)$ について書き換えると，次の式を得る．

$$\frac{\mathrm{d}^2 u}{\mathrm{d}t^2} + (\omega_0^2 - \gamma^2)u = 0 \tag{1.110}$$

この方程式の解の形は ω_0 と γ の大小関係で異なり，運動もそれぞれの場合で特徴的な様相を示すので，以下，場合分けして調べよう．

(1) $\gamma < \omega_0$ の場合 —— 減衰振動 (damped oscillation)

この場合には式 (1.110) は単振動の方程式であり，その一般解は

$$u(t) = A\sin\omega_1 t + B\cos\omega_1 t \tag{1.111}$$

$$\omega_1 = \sqrt{\omega_0^2 - \gamma^2} \tag{1.112}$$

と書ける．ただし A, B は初期条件によって決められる定数である．したがって次の結果を得る．

$$x(t) = \mathrm{e}^{-\gamma t}(A\sin\omega_1 t + B\cos\omega_1 t) \tag{1.113}$$

これは時間とともに振幅が指数関数的に減衰する振動を表している．このような振動が**減衰振動**である．角振動数 ω_1 が固有振動数 ω_0 より小さくなるということは，抵抗力が運動を遅らせ，周期を増大させることを意味している．しかし減衰が小さい ($\gamma \ll \omega_0$) 場合には $\omega_1 \cong \omega_0$ である．γ を**振幅減衰率**，その逆数 $\tau = 1/\gamma$ を振幅の減衰の**時定数**という．また周期 $T = 2\pi/\omega_1$ と時定数 τ の比

$$\frac{T}{\tau} = \frac{2\pi\gamma}{\omega_1} \tag{1.114}$$

を**対数減衰率**という．振動の振幅は 1 周期ごとに $\exp(-T/\tau)$ 倍となる．

作図条件
$x(0) = x_0$
$v(0) = 0$
(a) $\gamma/\omega_0 = 1/20$
(b) $\gamma/\omega_0 = 20$
(c) $\gamma/\omega_0 = 1$

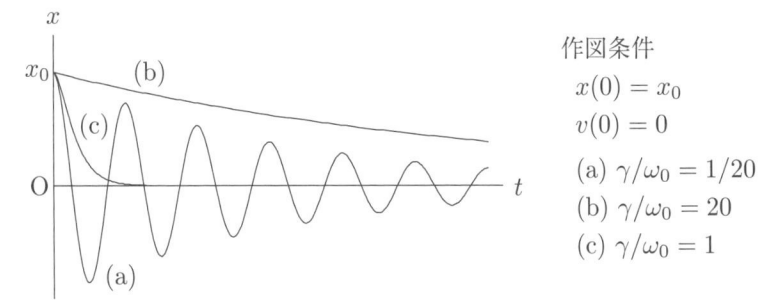

図 **1.24** (a) 減衰振動，(b) 過減衰，(c) 臨界減衰

(2) $\gamma > \omega_0$ の場合 — 過減衰 (over-damping)

この場合には運動方程式の解は次のようになる．次式の右辺の ( ) 内が方程式 (1.110) の一般解である．

$$x(t) = e^{-\gamma t}(A e^{\omega_1 t} + B e^{-\omega_1 t}) \tag{1.115}$$

または双曲関数 (18 ページ参照) を使って

$$x(t) = e^{-\gamma t}(A' \sinh \omega_1 t + B' \cosh \omega_1 t) \tag{1.116}$$

ただし

$$\omega_1 = \sqrt{\gamma^2 - \omega_0^2} \tag{1.117}$$

式中の A, B または A', B' は積分定数である．質点はもはや振動せずに平衡点へ近づく．γ が大きいときには，$e^{-(\gamma+\omega_1)t}$ の項は急速に減衰してしまうのに対し，$e^{-(\gamma-\omega_1)t}$ の項は非常にゆっくりと 0 に近づく．このため

減衰が大きくなるほど平衡点への接近は遅くなる．このような減衰を **過減衰** という．

(3) $\gamma = \omega_0$ の場合 —— 臨界減衰 (critical damping)

この場合には式 (1.110) の一般解は $u(t) = At + B$ であるから，$x(t)$ は次式となる (A, B は積分定数)．

$$x(t) = e^{-\gamma t}(At + B) \tag{1.118}$$

過減衰の場合と同様に振動せずに平衡点に近づいていくが，平衡点への接近は過減衰の場合より速く，減衰がない場合の固有振動の周期の 1/2 程の時間でほぼ平衡点に達する ($t = \pi/\omega_0 = \pi/\gamma$ に対して $e^{-\gamma t} = e^{-\pi} \cong 0.04$ である)．この場合の減衰を **臨界減衰** といい，実用上重要な意味をもっている．

たとえばバネ秤で重さを測る場合を考えよう．減衰が小さい場合には，秤量物を載せたとき指針はいつまでも振動して，最終的な釣り合いの位置に静止するまでに時間がかかる (減衰振動の場合)．逆に減衰を大きくとりすぎると，振動はしないが釣り合い位置に到るまでやはり長い時間がかかる (過減衰の場合)．振動を起こさずに最も速く釣り合いに到るときの減衰が臨界減衰なのである．この他，指針型の電流計，電圧計などの計器類，開き戸を自動的に閉じる装置などでも同様のことが考慮されなければないことは容易にわかるであろう．[22]

---

[22] 自動開閉の開き戸に閉じる力を与えるだけでは，閉まるときにバタンと大きな音をたてて戸枠に衝突する．したがって必ず減衰を与える．しかし減衰を大きく与え過ぎると閉まるのに時間がかかる．音もたてずに最も速く閉まるのが臨界減衰の場合である．

演習問題

ベクトル

1. 無風のときに速度 400 km/h で飛ぶ飛行機が，風速 140km/h の中を無風のときと同じ速さ 400 km/h で真北に向かって飛行している．(a) 飛行機の機首はどちらを向いているか．(b) 風はどちらの向きに吹いているか．可能な解をすべて求めよ．

位置座標，速度，加速度

2. x 軸上を運動する質点の速度の時間変化 $v(t)$ を次図に示す．加速度の時間変化 $a(t)$ と位置座標の時間変化 $x(t)$ の概略をグラフに示せ．なお $t=0$ において $x=0$ とする．

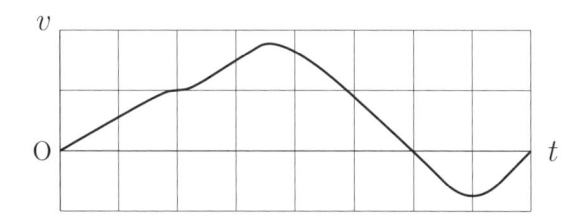

1 次元の運動

3. 水平な直線 (x 軸) 上において質量 m の質点が初速度 v_0 ($v_0 > 0$) で原点を出発した．次の抵抗力を仮定して時間 t 後の質点の速度 $v(t)$ と位置 $x(t)$ を求めよ．

   (a) 速度に比例する抵抗力 $-mkv$ ($k > 0$)

   (b) 速度の 2 乗に比例する抵抗力 $-mkv^2$ ($k > 0$)

   (c) 抵抗力 $-m(k_1 v + k_2 v^2)$ ($k_1, k_2 > 0$)

   【参考】 $\int \dfrac{\mathrm{d}x}{\mathrm{e}^{ax}+b} = -\dfrac{1}{ab}\int \dfrac{-ab\,\mathrm{e}^{-ax}}{1+b\mathrm{e}^{-ax}}\,\mathrm{d}x = -\dfrac{1}{ab}\log\left(1+b\mathrm{e}^{-ax}\right)$

4. 運動方程式が $m\dfrac{\mathrm{d}v}{\mathrm{d}t} = f(v)$ の形をしているとき，$\dfrac{\mathrm{d}x}{\mathrm{d}t} = v$ を使うと $\dfrac{\mathrm{d}v}{\mathrm{d}x} = \dfrac{f(v)}{mv}$ を得る．これを解くと x を v の関数として表すことができる．これを利用して次の問題に答えよ．

   質量 m の質点が初速度 v_0 で鉛直上方に発射された．質点には重力 $-mg$

と次の抵抗が作用する．それぞれの場合に最高点の高さ h を求めよ．
 (a) 速度に比例する抵抗力 $-mkv$
 (b) 速度の 2 乗に比例する抵抗力 $-mkv^2$

2 次元の運動

5. 一様な重力場において水平から角度 θ の方向へ投射された物体の最高点 P を見る角度を ϕ とすると，次の関係が成り立つことを示せ．ただし空気抵抗の影響はないものとする．
$$\tan\phi = \frac{1}{2}\tan\theta$$

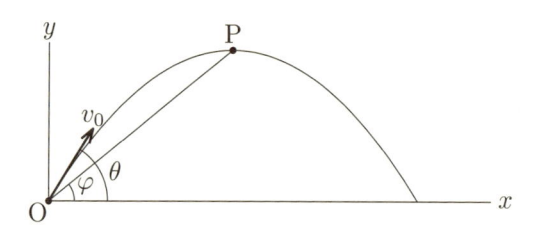

6. x-y 平面上で運動する質量 m の質点に $F_x = 0$, $F_y = -m\alpha^2 y$ $(\alpha > 0)$ の力が作用する．原点から初速度 $v_x = v_1$, $v_y = v_2$ $(v_1 > 0, v_2 > 0)$ で飛び出した質点の位置座標 $x(t), y(t)$ を求め，その軌跡を図示せよ．

7. 一様な重力の場において投げ出された物体に作用する抵抗力が速度に比例する場合には，解析的に解を求めることができる．抵抗力の大きさを cv と表すと，運動方程式は
$$m\frac{\mathrm{d}v_x}{\mathrm{d}t} = -cv_x, \quad m\frac{\mathrm{d}v_y}{\mathrm{d}t} = -mg - cv_y \tag{1.119}$$
と書ける．初期条件を $v_x(0) = v_1$, $v_y(0) = v_2$, $x(0) = 0$, $y(0) = 0$ として $x(t), y(t)$ を求めよ．

8. 前問において，x 軸の正方向に一定の速さ u の風が吹いている場合には運動方程式は
$$m\frac{\mathrm{d}v_x}{\mathrm{d}t} = -c(v_x - u), \quad m\frac{\mathrm{d}v_y}{\mathrm{d}t} = -mg - cv_y \tag{1.120}$$
となる．$x(t), y(t)$ を求めよ．十分に時間がたったとき，どんな運動をしているか．

摩擦力

9. モップを柄の棒方向に押して床掃除するとき，モップと床のなす角度が小さいほど楽に床に沿って移動させることができる．もし角度を大きくとるといくら力を入れてもモップを移動させることができない．このわけを説明し，この限界角度を求めよ．

10. 水平と $15°$ の傾きをなす坂道に停車していた車が，斜面上方に走り始めるとき，最大可能な加速度は重力加速度の何倍か．ただしタイヤと路面の間の静摩擦係数を 1.0 とする．

単振動

11. x 軸上で原点を中心に角振動数 ω で単振動する質点がある．次の初期条件に対して $x(t)$ を求めよ．

    (a) $x(0) = x_0, v(0) = 0,$ (b) $x(0) = 0, v(0) = v_0$
    (c) $x(0) = x_0, v(0) = v_0,$ (d) $x(t_0) = x_0, v(t_0) = 0$

12. まったく同じバネがいくつかある．次のように接続しておもりを吊すときの振動の周期は，1 つのバネに同じおもりを吊るしたときの周期の何倍か．
    (a) 2 つのバネを直列につないだとき，(b) 2 つのバネを並列につないだとき，(c) 並列につないだ 2 つのバネに 1 つのバネを直列につないだとき

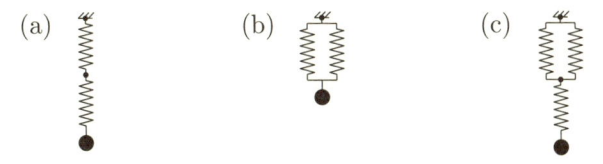

13. バネにおもりを吊したら h だけ伸びて釣り合った．このおもりが上下に振動するときの周期は，長さ h の単振り子の (微小振動の) 周期に等しいことを示せ．

減衰振動

14. 水平な直線上で一端を固定されたバネ (バネ定数 k) の他端に質量 m の物体がつながれている．バネを自然の長さより l だけ縮めて静かに放した．物体には動摩擦力 F が作用する．バネが自然長のときの物体の位置

を $x=0$ とし,バネが伸びる方向を x 軸の正方向とする.

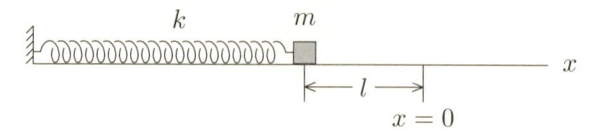

(a) 物体の位置 x を時間 t の関数として求めよ.(速度が 0 となる時刻を順に $t_1, t_2, \cdots$ として $0 \leqq t \leqq t_1$, $t_1 \leqq t \leqq t_2$, $\cdots$ の区間に分けて $x(t)$ を求めよ.なおこの設問では物体が動かなくなることは考えなくてよい.)

(b) $k = 100\,\mathrm{N/m}$, $m = 1\,\mathrm{kg}$, $l = 21\,\mathrm{cm}$, $F = 2\,\mathrm{N}$ とする.また物体と床との間の静摩擦係数は $\mu = 0.3$ である.横軸に時間 t,縦軸に x をとって物体が静止するまでをグラフに表せ.

数値計算

15. 単振り子の運動方程式 (1.87) を次の条件のもとに数値的に解いて $\theta(t)$ をグラフに描け.長さ $l = 1\,m$ の軽い棒から構成される振り子を $\theta = 170°$ の位置から静かに放すものとする.計算は 2 周期にわたって行えば十分である.計算結果から振動の周期を求めよ.運動の周期は,最下点付近での微小振動の周期の何倍か.
(p.21 に述べた数値解法における時間きざみは,$\Delta t = 0.05\,\mathrm{s}$ 程度で実用に十分な精度が得られる.時間を横軸に,角度を縦軸にとってグラフを描いてみよ.)

16. 速度の 2 乗の抵抗を受ける投射体の運動方程式 (1.53) において抵抗の係数 $k = c/m = 0.01\,\mathrm{m}^{-1}$,初速度 $v_0 = 25\,\mathrm{m/s}$,投射角 $45°$ とする.数値計算して軌道を描き,到達距離を求めよ.
(この場合には $\Delta t = 0.01\,\mathrm{s}$ 程度にとりたい.方眼紙にグラフを描く場合には $0.1\,\mathrm{s}$ または $0.2\,\mathrm{s}$ ごとに x, y をプロットするので十分である.)

2

仕事とエネルギー

運動方程式を厳密に解くことのできる場合はわずかである．しかし運動方程式から導かれる一般的な法則を知っておくと，運動方程式から出発しなくても運動についてのいろいろな情報を得ることができる．この章で学ぶエネルギーの概念は物理学で最も重要な概念のひとつであり，力学的エネルギーの保存則は力学現象の解析にきわめて威力を発揮する．

2.1 仕事

質点が力 $\boldsymbol{F}$ を受けて，力の方向と角度 θ をなす方向に微小距離 $\mathrm{d}s$ だけ変位したときに，力 $\boldsymbol{F}$ のした **仕事** (work) $\mathrm{d}W$ を次の式で定義する．

$$\mathrm{d}W = F\,\mathrm{d}s\cos\theta \tag{2.1}$$

$\mathrm{d}s\cos\theta$ は力の方向への移動距離である (図 2.1 参照)．変位ベクトル $\mathrm{d}\boldsymbol{s}$ を使うと，次のスカラー積の形に書くことができる．

$$\mathrm{d}W = \boldsymbol{F}\cdot\mathrm{d}\boldsymbol{s} \tag{2.2}$$

垂直抗力のように質点の運動方向と垂直 $(\theta = \pi/2)$ に作用する力は仕事をしない．動摩擦力のように質点の運動方向と逆向き $(\theta = \pi)$ に作用する力は負の仕

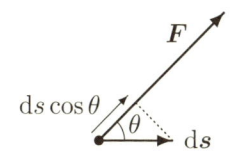

図 2.1 力のする仕事 (微小変位の場合) $\mathrm{d}W = \boldsymbol{F}\cdot\mathrm{d}\boldsymbol{s}$

事をする．質点に作用する力 $\boldsymbol{F}$ が負の仕事をする場合に，質点が相手に及ぼす力 ($\boldsymbol{F}$ の反作用) は正の仕事をする．質点が相手に及ぼす力がする仕事を "質点がする仕事" ともいう．

質点が $\mathrm{d}\boldsymbol{s}$ 変位するのに要した時間を $\mathrm{d}t$ とすると，単位時間当たりの仕事 P は次式で表される．

$$P = \frac{\mathrm{d}W}{\mathrm{d}t} = \boldsymbol{F}\cdot\frac{\mathrm{d}\boldsymbol{s}}{\mathrm{d}t} = \boldsymbol{F}\cdot\boldsymbol{v} \tag{2.3}$$

これを **仕事率**(power) という．なお微小変位 $\mathrm{d}\boldsymbol{s}$ は位置ベクトルの変化 $\mathrm{d}\boldsymbol{r}$ に等しく，質点の速度は $\boldsymbol{v} = \mathrm{d}\boldsymbol{s}/\mathrm{d}t = \mathrm{d}\boldsymbol{r}/\mathrm{d}t$ である．[1]

質点がある軌跡に沿って A 点から B 点まで移動する間に，質点に作用する力のなす仕事 W_{AB} は，軌跡 $\mathcal{C}$ に沿った次の積分で表される (図 2.2 参照)．

$$W_{\mathrm{AB}} = \int_{\mathcal{C}\,\mathrm{A}}^{\mathrm{B}} \boldsymbol{F}\cdot\mathrm{d}\boldsymbol{s} \tag{2.4}$$

このようなある曲線に沿って行う積分を**線積分**という．線積分の値は A 点と B 点をつなぐ曲線の選び方に依存するので，どの曲線に沿って積分を行うのかを明記しなければならない．積分記号の下の "$\mathcal{C}$" は積分を行う曲線を指示する．

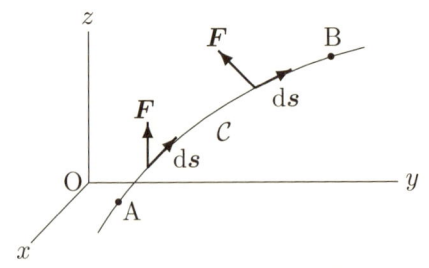

図 2.2 A 点から B 点まで移動する間の仕事

国際単位系 (SI) では，1 N の力が，力の方向に 1 m の変位を引き起こすときにする仕事を 1 J (ジュール, joule) と定義する．[2] また 1 s 間に 1 J の仕事をす

---

[1] 微小変位 $\mathrm{d}\boldsymbol{s}$ と位置ベクトルの微小変化 $\mathrm{d}\boldsymbol{r}$ は等しい．しかしスカラー量 s は軌跡に沿っての長さでであるのに対し，r は原点からの距離である．$\mathrm{d}s$ は微小変位の長さであるが，$\mathrm{d}r$ は原点からの距離の変化である．

[2] CGS 単位系では 1 dyn の力が力の方向に 1 cm の変位を起こすときの仕事を 1 erg (エルグ) と定義する．1 J とは次のように換算される．
$$1\,\mathrm{J} = 1\,\mathrm{N\cdot m} = 10^5\,\mathrm{dyn}\cdot 10^2\,\mathrm{cm} = 10^7\,\mathrm{erg}$$

るときの仕事率を 1 W (ワット, watt) と定義する．仕事は科学の分野においても日常生活においても非常に重要な概念であるために，この他にもいろいろな単位が用いられている．

$$1\,\mathrm{cal} = 4.1855\,\mathrm{J}$$
$$1\,\mathrm{kgw\cdot m} = 9.80665\,\mathrm{J}$$
$$1\,\mathrm{kW\cdot h} = 3.6\times 10^6\,\mathrm{J}$$
$$1\,\mathrm{eV} = 1.602177\times 10^{-19}\,\mathrm{J}$$
$$1\,\mathrm{PS} = 75\,\mathrm{kgf\cdot m/s} = 735.5\,\mathrm{W} \quad (\text{フランス式馬力})$$

国際単位系では kW·h と eV の使用は認められているが，[3] それ以外は推奨されてない．

[問 1] 水平と角度 θ をなす粗い斜面に沿って一定の速さで物体 (質量 m) を距離 l だけ押し上げるときに次の力がする仕事を求めよ．
(a) 斜面に平行に物体にかける力．
(b) 摩擦力，動摩擦係数は μ とする．
(c) 重力．

[問 2] 階段を急いで駆け上がるときのことを考えて人間が短時間の間に出すことのできる仕事率を推定せよ．

───────────────────────────────

ベクトルのスカラー積

2 つのベクトル $\boldsymbol{A}, \boldsymbol{B}$ の **スカラー積** (または内積) を次の式で定義する．

$$\boldsymbol{A}\cdot\boldsymbol{B} = AB\cos\theta \tag{2.5}$$

ただし θ は 2 つのベクトル $\boldsymbol{A}, \boldsymbol{B}$ のなす角度である．ベクトルを直交座標系の成分で次のように表示する．

$$\left.\begin{array}{l} \boldsymbol{A} = A_x\boldsymbol{i} + A_y\boldsymbol{j} + A_z\boldsymbol{k} \\ \boldsymbol{B} = B_x\boldsymbol{i} + B_y\boldsymbol{j} + B_z\boldsymbol{k} \end{array}\right\} \tag{2.6}$$

---
[3] kW 時 は家庭で使用する電力量の単位に使われており，eV は原子物理学の分野で使われる．

このとき
$$\boldsymbol{A} \cdot \boldsymbol{B} = A_x B_x + A_y B_y + A_z B_z \tag{2.7}$$
と表される．同じベクトルのスカラー積 $\boldsymbol{A} \cdot \boldsymbol{A}$ はベクトルの大きさの 2 乗 A^2 に等しい．なお $\boldsymbol{A} \cdot \boldsymbol{A}$ は $\boldsymbol{A}^2$ とも書く．

[問 3] 原点と $(1, 1, 0)$ を結ぶ直線と，原点と $(1, 1, 1)$ を結ぶ直線とのなす角度を求めよ．

2.2 運動エネルギー

力 $\boldsymbol{F}$ を受けて運動している質点を考えよう．運動方程式
$$m \frac{\mathrm{d}\boldsymbol{v}}{\mathrm{d}t} = \boldsymbol{F} \tag{2.8}$$
の両辺と速度とのスカラー積をとって次の式を得る．
$$m\boldsymbol{v} \cdot \frac{\mathrm{d}\boldsymbol{v}}{\mathrm{d}t} = \boldsymbol{F} \cdot \boldsymbol{v} \tag{2.9}$$
この式の右辺は仕事率である．左辺を書き換えて次式を得る．
$$\frac{\mathrm{d}}{\mathrm{d}t} \left(\frac{1}{2} m v^2 \right) = \boldsymbol{F} \cdot \boldsymbol{v} \tag{2.10}$$
曲線上の 2 点 A, B を質点が通過する時刻と速度をそれぞれ $t_\mathrm{A}, \boldsymbol{v}_\mathrm{A}, t_\mathrm{B}, \boldsymbol{v}_\mathrm{B}$ としよう (図 2.3 参照)．上式の両辺を時刻 t_A から t_B まで定積分する．
$$\frac{1}{2} m v_\mathrm{B}^2 - \frac{1}{2} m v_\mathrm{A}^2 = \int_{t_\mathrm{A}}^{t_\mathrm{B}} \boldsymbol{F} \cdot \boldsymbol{v} \, \mathrm{d}t = \int_{\mathcal{C}\,\mathrm{A}}^{\mathrm{B}} \boldsymbol{F} \cdot \mathrm{d}\boldsymbol{s} \tag{2.11}$$
ここで右辺の量は質点が曲線 $\mathcal{C}$ に沿って A 点から B 点に行くまでの間に，質

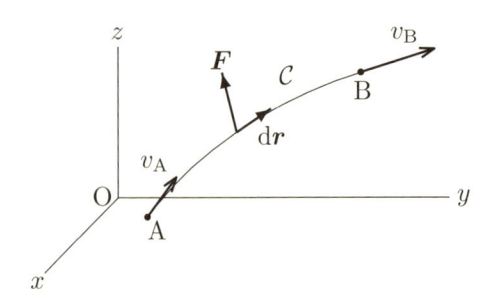

図 2.3 運動エネルギーの増加は力のした仕事に等しい

点に作用する力が行った仕事である．左辺に出て来る量 $mv^2/2$ を質点の**運動エネルギー**(kinetic energy) と定義する．式 (2.11) の左辺は運動エネルギーの変化量である．したがって式 (2.11) は，**質点の運動エネルギーの変化が質点に働く力のした仕事に等しい**ことを述べている．運動エネルギー $mv^2/2$ とは物体を静止状態から速度 v にまで加速するのに必要な仕事である．

運動エネルギーのもうひとつの意味を考えてみよう．A 点で速度 v であった質点が B 点で静止していたとする (図 2.4 参照)．このときエネルギーの式 (2.11) より次の式を得る．

$$-\frac{1}{2}mv^2 = \int_{\substack{A\\C}}^{B} \boldsymbol{F}\cdot d\boldsymbol{s} \tag{2.12}$$

作用反作用の法則から質点が相手に及ぼす力 $\boldsymbol{F}'$ は $-\boldsymbol{F}$ に等しい．したがって

$$\frac{1}{2}mv^2 = \int_{\substack{A\\C}}^{B} \boldsymbol{F}'\cdot d\boldsymbol{s} \tag{2.13}$$

と書ける．左辺は質点がはじめもっていた運動エネルギー，右辺は**質点が外に対してなした仕事**である．すなわち運動エネルギーは運動している物体が静止するまでになしうる仕事に等しい．一般に仕事をなしうる能力のことを**エネルギー**という．運動エネルギーとは運動している物体のもっているエネルギーである．[4]

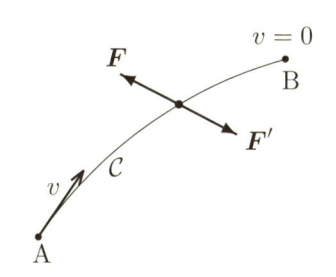

図 2.4 運動エネルギーをもっている物体は止まるまでに $mv^2/2$ の仕事をする．

[問 4] 速度 70 km/h で走っていた車が前方に障害物を発見し，急ブレーキをかけた．さいわい障害物の直前で停止することができた．もしこの車が 100 km/h で走っていたとしたら，障害物の直前に来たときの速度はどれほどか．制動力は同じであるとする．

---

[4] 高速に運動している乗り物を静止させるには運動エネルギーを 0 にしなければならない．ブレーキを使わずに短時間で 0 にするには，エネルギーを破壊に使う以外にないだろう．悲惨な結末が待っている．

2.3 保存力

空間のある点に位置する質点に作用する力 $\boldsymbol{F}$ が位置座標 (x,y,z) の関数として一義的に定義できるとしよう．このような空間を**力場**という．[5] 直交座標系を使うと，力の3つの成分 F_x, F_y, F_z はそれぞれ (x,y,z) の一価関数として表される．このとき質点が空間のある点 $A(x_A, y_A, z_A)$ から別の点 $B(x_B, y_B, z_B)$ まで曲線 $\mathcal{C}$ に沿って移動するとき，質点に作用する力がする仕事は

$$W_{AB} = \int_{\mathcal{C}}^{B}_{A} \boldsymbol{F} \cdot d\boldsymbol{s} = \int_{\mathcal{C}}^{x_B}_{x_A} F_x\,dx + \int_{\mathcal{C}}^{y_B}_{y_A} F_y\,dy + \int_{\mathcal{C}}^{z_B}_{z_A} F_z\,dz \tag{2.14}$$

と表される．F_x は一般に x, y, z の関数であるから，$F_x(x, y, z)$ を x で定積分するためには，x の値を与えたときに y, z がどのような値をとるかがわかっていなければならない．すなわち質点が A から B まで行く経路が与えられていなければならない．F_y, F_z についても同様であるから，一般に仕事 W_{AB} は質点が描く軌跡 $\mathcal{C}$ に依存することがわかる．

経路に沿っての仕事の計算例

質点に作用する場の力の x, y 成分が次の式で与えられる場合に，図2.5に示す経路に沿って質点が原点 $(0,0)$ から (l, l) まで移動する間に，場の力のなす仕事を求めてみよう．ただし a, b は定数とする．

$$F_x = ay, \qquad F_y = bx \tag{2.15}$$

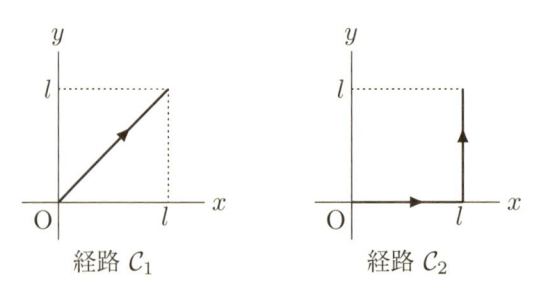

図 2.5　力のなす仕事は一般には経路に依存する

---

[5] 一般にある物理量が空間の関数であるとき，空間をその物理量に対する**場** (field) という．また物理量を場の量という．

[経路 C_1 の場合]

経路 C_1 (直線 $y = x$) 上では $F_x = ax$, $F_y = by$ である．求める仕事は次のように計算される．

$$W_{C_1} = \int_{C_1}^l F_x \, dx + \int_{C_1}^l F_y \, dy$$

$$= a \int_0^l x \, dx + b \int_0^l y \, dy = \frac{1}{2}(a+b)l^2 \tag{2.16}$$

[経路 C_2 の場合]

質点が x 軸に沿って移動しているときは F_y は仕事をしない．また x 軸上では $F_x = 0$ であるので F_x のなす仕事も 0 である．質点が y 軸に平行な直線 $x = l$ に沿って移動しているときは F_x は仕事をしない．この直線上では $F_y = bl$ であるから $(l, 0)$ から (l, l) まで移動する間に力のなす仕事は bl^2 である．以上から経路 C_2 に沿っての仕事は

$$W_{C_2} = bl^2 \tag{2.17}$$

と求まる．$a = b$ の場合を除き $W_{C_1} \neq W_{C_2}$ である．

[**問 5**] 上の例題において，質点が放物線 $y = x^2/l$ に沿って原点から (l, l) まで移動する間に力のなす仕事を求めよ．

一様な重力の作用する空間を考えよう (図 2.6(a) 参照)．鉛直上方を z 軸の正の方向にとり，質点の質量を m とすると場の力は

$$F_x = 0, \qquad F_y = 0, \qquad F_z = -mg \tag{2.18}$$

と表される．このとき W_{AB} を求める積分 (2.14) は，質点が A から B までどのような軌道を描いて運動するかに関係なく計算できて，

$$W_{AB} = \int_{z_A}^{z_B} (-mg) \, dz = mg(z_A - z_B) \tag{2.19}$$

と求まる．

質点に作用する力が，定点と質点を結ぶ直線上にあって，力の大きさが定点と質点の間の距離の関数として表されるとき，その力を**中心力**という．[6] 大きさが定点からの距離に比例する中心力を考えよう (図 2.6(b) 参照)．定点を座標の原点に選ぶと場の力は

$$F_x = -kx \qquad F_y = -ky \qquad F_z = -kz \tag{2.20}$$

---

[6] 質点に作用する力の作用線がつねに定点を通る力が広い意味の中心力であるが，通常は，力の大きさが方向には依存せず，定点から質点までの距離だけで決まる場合をいう．

と表される．k は比例定数である．質点が A から B まで移動する間に場の力のなす仕事は

$$W_{AB} = -k\int_{x_A}^{x_B} x\,dx - k\int_{y_A}^{y_B} y\,dy - k\int_{z_A}^{z_B} z\,dz$$
$$= \frac{1}{2}k(x_A^2 + y_A^2 + z_A^2) - \frac{1}{2}k(x_B^2 + y_B^2 + z_B^2)$$
$$= \frac{1}{2}k(r_A^2 - r_B^2) \tag{2.21}$$

となり，仕事はやはり途中の経路に無関係に求まる．

一般に力の大きさが原点からの距離 r の n 乗に比例する**中心力**

$$\boldsymbol{F} = -kr^n \frac{\boldsymbol{r}}{r} = -kr^{n-1}\boldsymbol{r} \tag{2.22}$$

を考えよう．$\boldsymbol{r}$ は位置ベクトル，$r = \sqrt{x^2+y^2+z^2}$ は原点からの距離，k は比例定数で $k > 0$ は引力，$k < 0$ は斥力に対応する．質点がある曲線 $\mathcal{C}$ に沿って A 点から B 点まで移動する間に力がする仕事 W_{AB} は

$$W_{AB} = \int_{\substack{A\\\mathcal{C}}}^{B} \boldsymbol{F}\cdot d\boldsymbol{s} = -k\int_{\substack{A\\\mathcal{C}}}^{B} r^{n-1}\boldsymbol{r}\cdot d\boldsymbol{s} \tag{2.23}$$

である．ここで $\boldsymbol{r}\cdot d\boldsymbol{s} = r\,ds\cos\theta = r\,dr$ に注意すると

$$W_{AB} = -k\int_{r_A}^{r_B} r^n\,dr \tag{2.24}$$

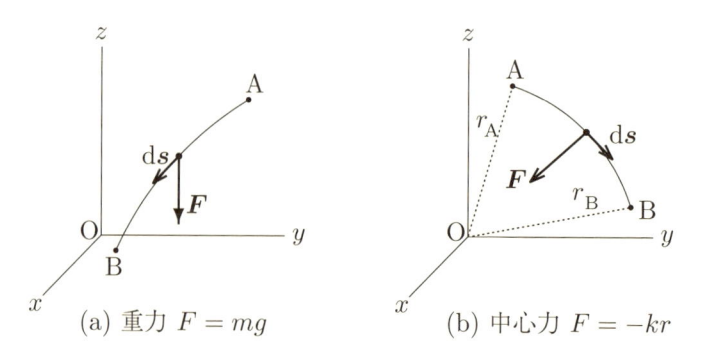

(a) 重力 $F = mg$ (b) 中心力 $F = -kr$

図 **2.6** 保存力場の例

2.4 位置エネルギー   49

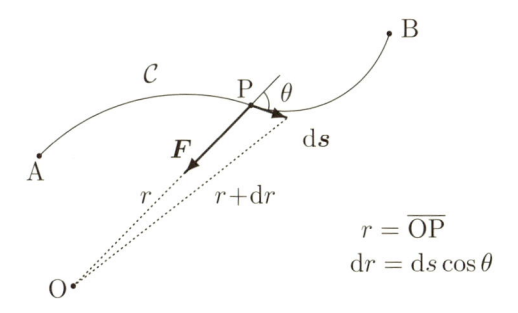

図 2.7 中心力 $F = -kr^n$ のする仕事

と変形できるから，W_{AB} は r_A と r_B だけで決まり，途中の経路には依存しないことがわかる．[7]

このように場の力がする仕事が途中の経路に関係なく，始点と終点だけで決定される場合に，この力場を **保存力場** といい，その力を **保存力** という．以下の節に説明するが，保存力場においては位置エネルギーという量が定義でき，力学的エネルギー保存則という重要な保存則が成り立つ．"保存力"という言葉はこの保存則に由来している．

2.4　位置エネルギー

保存力場においては保存力のなす仕事は，途中の道筋に関係なく，始点と終点だけで決定される．それゆえこの仕事は深い物理的内容をもっていると予想される．実際，空間の任意の点 P からあらかじめ約束した基準点 Q まで質点が移動するとき，保存力がする仕事を点 P の **位置エネルギー** または **ポテンシャルエネルギー** (potential energy) と定義する．すなわち P 点の位置エネルギー U_P は次の式によって与えられる．

$$U_P = W_{PQ} = \int_P^Q \bm{F} \cdot d\bm{s} = -\int_Q^P \bm{F} \cdot d\bm{s} \tag{2.25}$$

基準点 Q は基本的にはどこに選んでもよいが，どこに選んだかが必ず約束されていることに注意しよう．

---
[7] 一般に力の大きさが定点からの距離だけで決まる中心力は保存力である．物理的に意味のある中心力 $f(r)$ は $\sum_n k_n r^n$ の形に展開できるからである．

位置エネルギーが定義される空間 (保存力場) においては, 質点が A 点から B 点まで移動するときに保存力のなす仕事 W_{AB} は A 点と B 点の位置エネルギーの差として表すことができる. なぜなら, 仕事は途中の経路によらないから, 基準点 Q を経由する経路を考えて計算すれば, 次の結果を得る.

$$W_{AB} = \int_A^Q \boldsymbol{F} \cdot d\boldsymbol{s} + \int_Q^B \boldsymbol{F} \cdot d\boldsymbol{s} = U_A - U_B \tag{2.26}$$

もし A 点と B 点が同一の点ならば $W_{AB} = 0$ である. したがって, **質点が任意の道筋を通って元の点に戻るまでの間に保存力がする仕事は 0 である**.

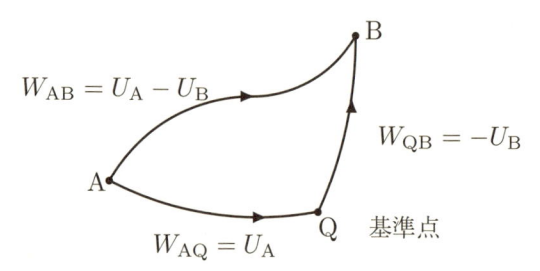

図 2.8 保存力のなす仕事は位置エネルギーの差に等しい

位置エネルギーの意味を考えてみよう. 運動エネルギーを考慮しなくてもよいように十分にゆっくりと質点を移動させるとしよう. 質点には保存力 $\boldsymbol{F}$ が作用しているから, ゆっくり移動させるには保存力と釣り合う力 $\boldsymbol{F}' = -\boldsymbol{F}$ を加えてやる必要がある. 力 $\boldsymbol{F}'$ の反作用として質点が相手に及ぼす力 $\boldsymbol{F}'' = -\boldsymbol{F}'$ は保存力に等しい. 質点が P 点から基準点 Q まで移動する間に, 質点が相手に及ぼす力 $\boldsymbol{F}'' = \boldsymbol{F}$ がする仕事 (質点がする仕事) は

$$\int_P^Q \boldsymbol{F}'' \cdot d\boldsymbol{r} = \int_P^Q \boldsymbol{F} \cdot d\boldsymbol{r} = U_P \tag{2.27}$$

である. すなわち P 点にある質点は基準点 Q に移るまでに U_P だけの仕事をする. U_P は P 点にある質点がもっているエネルギーと見なすことができる. ゆえにこの量を **位置エネルギー** と呼ぶのである.

なお質点を運ぶのに必要な力 $\boldsymbol{F}'$ を使うと位置エネルギーは

$$U_P = \int_Q^P \boldsymbol{F}' \cdot d\boldsymbol{r} \tag{2.28}$$

2.4 位置エネルギー

とも表される．すなわち，**位置エネルギーは質点を基準点からその位置まで運ぶのに必要な仕事である**，ということもできる．

位置エネルギーの例

[**例 1**] 重力場：重力 (2.18) の場において質点が点 A から点 B まで行く間に保存力のなす仕事 (2.19) は，B 点を基準点とするときの A 点の位置エネルギーである．A 点を一般の点 (x, y, z)，基準点 B を $z_B = 0$ の面内に選ぶと，重力場における位置エネルギーは次式で与えられる．

$$U(x, y, z) = mgz \tag{2.29}$$

[**例 2**] 弾性力の場：力の大きさが原点からの距離に比例する中心力 (2.20) の場合には，基準点を原点に選ぶと位置エネルギーは次の式で与えられる (式 (2.21) において A 点を一般の点 (x, y, z)，基準点の B 点を原点に選ぶ)．

$$U(x, y, z) = \frac{1}{2} k \left(x^2 + y^2 + z^2 \right) \tag{2.30}$$

特に 1 次元の場合，たとえばバネ定数 k のバネにつながれた質点が平衡点より距離 x だけ変位しているときにもつ位置エネルギーは $U(x) = kx^2/2$ である．

[**例 3**] 中心力場：力の大きさが原点からの距離の n 乗に比例する中心力 (2.22) の場合，積分 (2.24) は B 点を基準点とするときの A 点の位置エネルギーを与える．位置エネルギーの基準点の選び方は n の値によって変えなければならないことに注意しよう．$n > -1$ の場合には基準点は通常原点に選ぶ．定積分 (2.24) の上限を $r_B = 0$，下限を $r_A = r$ ととって，位置エネルギーは

$$U(r) = -k \int_r^0 r^n \, dr = \frac{k}{n+1} r^{n+1}, \qquad (n > -1) \tag{2.31}$$

と表される．$n = 1$ の場合には式 (2.30) に一致する．$n < -1$ の場合には基準点は通常，無限の遠方に選ぶ．$r_A = r, r_B \to \infty$ ととって

$$U(r) = -k \int_r^\infty r^n \, dr = -\frac{k}{|n|-1} \frac{1}{r^{|n|-1}}, \qquad (n < -1) \tag{2.32}$$

を得る．特に $n = -2$ (逆 2 乗則) の場合には

$$U(r) = -\frac{k}{r} \tag{2.33}$$

である．最後に $n = -1$ の場合には基準点を原点から距離 r_0 の点に選ぶ．$r_\mathrm{A} = r$, $r_\mathrm{B} = r_0$ ととって，位置エネルギーは

$$U(r) = -k \int_r^{r_0} r^n \, \mathrm{d}r = k \log \frac{r}{r_0} \tag{2.34}$$

と表される．この場合には原点も無限遠も基準点に選べないことに注意しよう．

位置エネルギーと保存力の関係

　位置エネルギーと保存力の間には簡単な関係式が成り立つ．質点が (x, y, z) から $(x + \Delta x, y + \Delta y, z + \Delta z)$ まで微小変位するときに保存力のする仕事 ΔW は，仕事の定義式 (2.2) より

$$\Delta W = F_x \, \Delta x + F_y \, \Delta y + F_z \, \Delta z \tag{2.35}$$

である．一方，式 (2.26) を使うと次の関係が導かれる．

$$\begin{aligned}\Delta W &= U(x, y, z) - U(x + \Delta x, y + \Delta y, z + \Delta z) \\ &\cong -\left(\frac{\partial U}{\partial x} \Delta x + \frac{\partial U}{\partial y} \Delta y + \frac{\partial U}{\partial z} \Delta z\right)\end{aligned} \tag{2.36}$$

ただし次の関係を使った．

$$U(x + \Delta x, y + \Delta y, z + \Delta z) - U(x, y, z) \cong \frac{\partial U}{\partial x} \Delta x + \frac{\partial U}{\partial y} \Delta y + \frac{\partial U}{\partial z} \Delta z \tag{2.37}$$

式 (2.35) と (2.36) を等しいとおいて $\Delta x, \Delta y, \Delta z$ が任意であることを考慮すると，次の関係式を得る．

$$F_x = -\frac{\partial U}{\partial x}, \quad F_y = -\frac{\partial U}{\partial y}, \quad F_z = -\frac{\partial U}{\partial z} \tag{2.38}$$

ベクトルの形式で表すと

$$\boldsymbol{F} = -\left(\frac{\partial U}{\partial x} \boldsymbol{i} + \frac{\partial U}{\partial y} \boldsymbol{j} + \frac{\partial U}{\partial z} \boldsymbol{k}\right) \tag{2.39}$$

これを記号 grad (gradient) または ∇ (nabla) を使って

$$\boldsymbol{F} = -\mathrm{grad}\, U \quad \text{または} \quad \boldsymbol{F} = -\nabla U \tag{2.40}$$

と表す．一般にスカラー量 U とベクトル量 $\boldsymbol{F}$ が式 (2.40) の関係にあるとき U を $\boldsymbol{F}$ のポテンシャルという．位置エネルギーは保存力のポテンシャルである．

2.4 位置エネルギー

[参考] 偏微分

2変数の関数 $z = f(x, y)$ は3次元空間における曲面を表す．たとえば図 2.9 のような例を考えよう．

y の値を固定して x の値だけを変えるとき $z = f(x, y)$ は図の曲線 QABR を表す．この曲線の傾き (微分係数) を $\partial f / \partial x$ と書く．すなわち

$$\frac{\partial f}{\partial x} = \lim_{\Delta x \to 0} \frac{f(x + \Delta x, y) - f(x, y)}{\Delta x} \tag{2.41}$$

である．同様に x の値を固定して y の値だけを変えるとき $z = f(x, y)$ は曲線 PACS を表す．この曲線の傾き (微分係数) は $\partial f / \partial y$ と書く．

$$\frac{\partial f}{\partial y} = \lim_{\Delta y \to 0} \frac{f(x, y + \Delta y) - f(x, y)}{\Delta y} \tag{2.42}$$

である．1つの変数にのみに着目し，他の変数は定数と見なして微分するときには，微分記号は d の代わりに ∂ を使う．このような微分を**偏微分**と呼ぶ．ところで図の D 点と A 点の高さ (z 座標) の差

$$z_D - z_A = f(x + \Delta x, y + \Delta y) - f(x, y) \tag{2.43}$$

について調べよう．

$$z_D - z_A = (z_D - z_C) + (z_C - z_A) \tag{2.44}$$

であるが，Δy は微小なので $z_D - z_C \cong z_B - z_A$ である．

$$z_B - z_A = f(x + \Delta x, y) - f(x, y) \cong \frac{\partial f}{\partial x} \Delta x \tag{2.45}$$

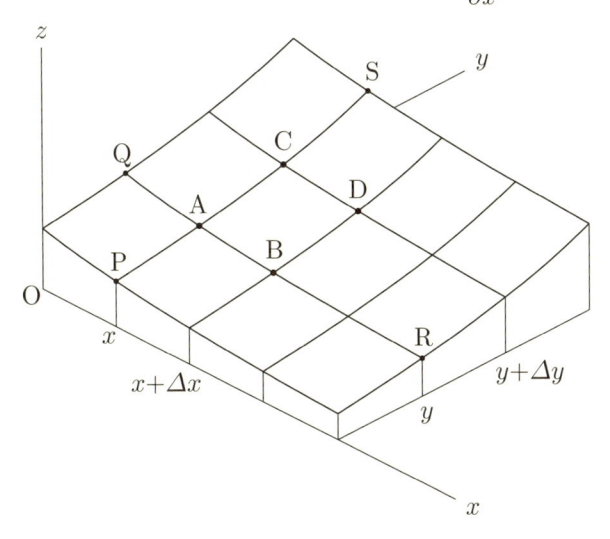

図 2.9 $z = f(x, y)$ は3次元空間の曲面を表す

$$z_C - z_A = f(x, y + \Delta y) - f(x, y) \cong \frac{\partial f}{\partial y} \Delta y \tag{2.46}$$

に注意すると

$$f(x + \Delta x, y + \Delta y) - f(x, y) \cong \frac{\partial f}{\partial x} \Delta x + \frac{\partial f}{\partial y} \Delta y \tag{2.47}$$

を得る．この関係式は3つ以上の変数をもつ場合にも一般化できる．

$$f(x_1 + \Delta x_1, \cdots, x_n + \Delta x_n) - f(x_1, \cdots, x_n) \cong \sum_{i=1}^{n} \frac{\partial f}{\partial x_i} \Delta x_i \tag{2.48}$$

[参考] **保存力であることの条件**

保存力と位置エネルギーの間には関係式 (2.38) が成り立つ．偏微分の順序が

$$\frac{\partial^2 U}{\partial x \partial y} = \frac{\partial}{\partial x}\left(\frac{\partial U}{\partial y}\right) = \frac{\partial}{\partial y}\left(\frac{\partial U}{\partial x}\right) = \frac{\partial^2 U}{\partial y \partial x} \tag{2.49}$$

のように交換できることを使うと，$\boldsymbol{F}(x, y, z)$ が保存力であるときには次の等式が導かれる．逆に次の関係式が満たされれば力 $\boldsymbol{F}$ は保存力である．

$$\frac{\partial F_x}{\partial y} = \frac{\partial F_y}{\partial x}, \quad \frac{\partial F_y}{\partial z} = \frac{\partial F_z}{\partial y}, \quad \frac{\partial F_z}{\partial x} = \frac{\partial F_x}{\partial z} \tag{2.50}$$

これらの関係式は力が保存力であるか否かを確かめる最も便利な判定条件である．なお2次元空間の場合には最初の関係式だけである．

[問 6] 次の力は保存力か．保存力の場合には，基準点を適当に選び位置エネルギーを求めよ．式中の a は定数である． (a) 2次元空間の力 $F_x = 2axy$, $F_y = ax^2$
(b) $F_x = ay(y - 3z)$, $F_y = ax(2y - 3z)$, $F_z = -3axy$

2.5 力学的エネルギー保存則

エネルギーの式 (2.11) における質点に作用する力 $\boldsymbol{F}$ を保存力 $\boldsymbol{F}_c$ と保存力以外の力 $\boldsymbol{F}'$ に分けて表そう．

$$\frac{1}{2}mv_B^2 - \frac{1}{2}mv_A^2 = \int_A^B \boldsymbol{F}_c \cdot d\boldsymbol{s} + \int_A^B \boldsymbol{F}' \cdot d\boldsymbol{s} \tag{2.51}$$

右辺の第1項の保存力のする仕事は式 (2.26) によれば，点 A と B の位置エネルギーの差 $U_A - U_B$ に等しい．それゆえ次の式が成り立つ．

$$\left(\frac{1}{2}mv_B^2 + U_B\right) - \left(\frac{1}{2}mv_A^2 + U_A\right) = \int_A^B \boldsymbol{F}' \cdot d\boldsymbol{s} \tag{2.52}$$

2.5 力学的エネルギー保存則

左辺に現れた運動エネルギーと位置エネルギーの和を **力学的エネルギー** という．すなわち質点の力学的エネルギーの増加は，質点に作用する保存力以外の力がなした仕事に等しい．特に保存力以外の力が作用しない場合には，力学的エネルギーは一定に保たれる．これを **力学的エネルギー保存則** という．

運動している物体に作用する摩擦力や抵抗力はつねに運動方向と逆向きに働く．このように速度に応じて変わる力はすべて保存力ではない．摩擦力は微小変位とつねに逆向きであり，そのスカラー積は $\boldsymbol{F}'\cdot d\boldsymbol{s} < 0$ なので，力学的エネルギーを減少させる．

力学的エネルギーは，熱エネルギー，電気エネルギー，化学エネルギーなどのいろいろな形態のエネルギーの中の1つである．エネルギーはある形態から他の形態へ変換することはあっても，消滅したり発生することはない．これが普遍的な **エネルギー保存則** である (熱力学第1法則と呼ばれる)．摩擦によって減少した力学的エネルギーは熱エネルギーに変わったのである．

なお束縛運動における束縛力も一般には速度の関数であり，保存力ではないが，その方向はつねに速度と垂直な方向に作用して仕事をしないので，力学的エネルギーの変化を求めるときに考慮する必要はない．

[問 7] エネルギーの総量は保存されるという．それでは "エネルギー不足" や "エネルギー危機" はどうして起こるのだろうか．

すでに，物理的過程においてある保存される物理量を見つけることは非常に重要であることを述べた．[8] 力学的エネルギー保存則は運動量保存則，後に述べる角運動量保存則とともに力学における最も重要な保存則のひとつである．

簡単な例として，一様な重力の場においてなめらかな曲線 $y = f(x)$ の上に束縛されている質点を考えよう (y 軸を鉛直上方，x 軸を水平方向にとる)．位置エネルギーは $U(x) = mgy = mgf(x)$ である．質点の力学的エネルギーを E とすると

$$\frac{1}{2}mv^2 + U(x) = E \quad \text{または} \quad \frac{1}{2}mv^2 + mgy = E \tag{2.53}$$

である．この式から質点が同じ高さ (y が等しい) の点を通るときは速さが等し

---

[8] p.10 参照.

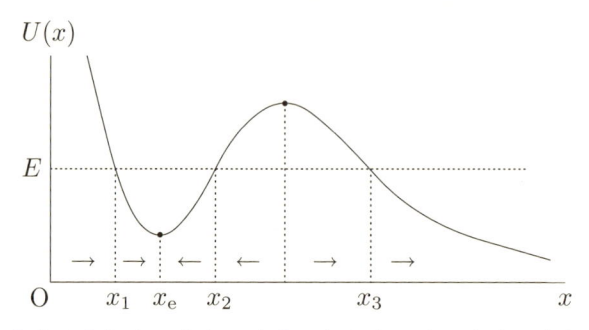

図 2.10 安定な釣り合い点と不安定な釣り合い点．矢印は各範囲において質点に作用する力 $F = -dU/dx$ の方向．

いことがわかる．質点の速さを x の関数として表そう．

$$v(x) = \pm\sqrt{\frac{2(E - U(x))}{m}} \tag{2.54}$$

この式から運動の範囲は $U(x) \leq E$ の領域に限られることがわかる．図 2.10 の例では，力学的エネルギーが E の質点の運動は，(1) $x_1 < x < x_2$ の範囲で行ったり来たりする，(2) 遠方からやってきて $x = x_3$ で折り返して再び遠方に飛び去る，のいずれかである．

仮に位置エネルギーが極小となる点において質点が運動エネルギーをもっていなければ，質点は永久に静止したままである．何らかの撹乱によって質点がその点からわずかにずれたとしても，そのずれを戻すように力が作用する．したがって位置エネルギーが極小となる点は **安定な釣り合い点** と呼ばれる．位置エネルギーが極大となる点でも，その点で運動エネルギーをもっていなければ理論上は静止状態を続けることになるが，ほんのわずかでも極大点からずれると，そのずれをますます大きくする向きの力が作用する．このため位置エネルギーの極大点で安定に静止状態を実現することは，実際には不可能である．位置エネルギーが極大となる点を **不安定な釣り合い点** という．

安定な釣り合い点のまわりにおける質点の微小振動について調べよう．釣り合い点 $x = x_\mathrm{e}$ の近傍では位置エネルギーは次の式で近似することができる．

$$U(x) = U(x_\mathrm{e}) + \frac{1}{2}\left(\frac{d^2 U}{dx^2}\right)_{x_\mathrm{e}}(x - x_\mathrm{e})^2 + \cdots \tag{2.55}$$

また y 方向の運動は無視できるので,微小振動の運動方程式は

$$m\frac{\mathrm{d}^2 x}{\mathrm{d}t^2} = -\frac{\mathrm{d}U}{\mathrm{d}x} = -\left(\frac{\mathrm{d}^2 U}{\mathrm{d}x^2}\right)_{x_e}(x - x_e) \tag{2.56}$$

と書ける.すなわち運動は単振動であり,その角振動数は次式で与えられる.

$$\omega = \sqrt{\frac{k}{m}}, \qquad k = \left(\frac{\mathrm{d}^2 U}{\mathrm{d}x^2}\right)_{x_e} \tag{2.57}$$

[問 8] $10\,\mathrm{m/s}$ で走ってきた棒高飛びの選手がその運動エネルギーをすべて身体の重心の位置エネルギーを高くするのに使ったとする.はじめの重心の高さを $1\,\mathrm{m}$ とするとき,重心の最高点の高さを求めよ.

[問 9] 第 1 章 p.31 の式 (1.94) を力学的エネルギー保存則を用いて導け.

演習問題

仕事

1. 密度 ρ の材料で作られた正四角錐がある．底面の一辺の長さは l, 高さは h である．底面を位置エネルギーの基準面とするとき, この四角錐の位置エネルギーを求めよ. クフ王の大ピラミッドは $l = 234\,\mathrm{m}$, $h = 147\,\mathrm{m}$ である．石材の密度は $\rho = 2.5 \times 10^3\,\mathrm{kg/m^3}$ とする．1 人の人が 1 分間に $50\,\mathrm{kg}$ の物体を $2\,\mathrm{m}$ 持ち上げる仕事率で, 1 日 10 時間働くとする．毎日 1000 人の人が働くならば, このピラミッドを作るには何年かかるか．

2. 半径 a の半円の円周に沿って, 質点が図の A 点から B 点まで移動した．質点には, 大きさが質点と点 B の間の距離に比例し, つねに点 B に向かう力が作用する．質点が点 A にあるとき, この力の大きさは F_0 である．質点が点 A から B まで円周に沿って移動する間に力がする仕事を
   (1) 円周に沿って線積分して求めよ．
   (2) 位置エネルギーの差から求めよ．

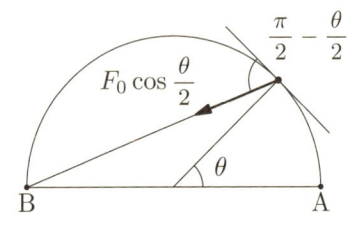

仕事率と力

3. 一定の仕事率 P のエンジンによって質量 m の車が走り始めた．抵抗はないとして時間 t 後の車の速度 $v(t)$ を次の 2 通りの方法で求め, 一致することを確かめよ．
   (1) 運動方程式から出発する．
   (2) エネルギーの式を用いる．
   次に $v(t)$ を t で積分して, 時間 t の間の走行距離を求めよ．

運動エネルギー

4. 速度 $20\,\mathrm{m/s}$ で走ってきた車が壁に正面衝突し, 車 (の重心) は止まるまでに $1\,\mathrm{m}$ 進んだ．車の質量を $1500\,\mathrm{kg}$ とすると, 平均どれほどの力が作用したか．シートベルトを着用した $60\,\mathrm{kg}$ の運転者が車と一緒に減速したとすれば, 運転者にはどれほどの力がかかったか．

位置エネルギー

5. x 軸上を運動する質点に作用する力 $F(x)$ を次の図に示す．質点の位置エネルギー ($x=0$ を基準点とする)
$$U(x) = -\int_0^x F(x)\,\mathrm{d}x$$
を求め，グラフに図示せよ．

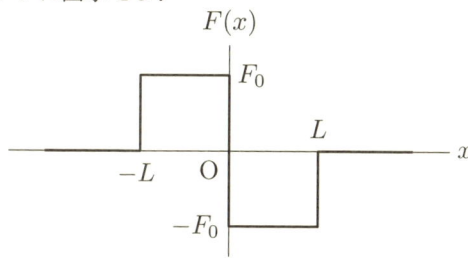

力学的エネルギー

6. ある旅客機 (Boeing777) の最大離陸質量は $2.34 \times 10^5\,\mathrm{kg}$ (234 t)，巡航速度は $890\,\mathrm{km/h}$，巡航高度は $13000\,\mathrm{m}$ である．この機体には推力 $4.0 \times 10^5\,\mathrm{N}$ (約 $40000\,\mathrm{kg}$重) のエンジンが 2 基ついている．最大離陸質量の機体が飛行場を飛び立って高度 $13000\,\mathrm{m}$ を速度 $890\,\mathrm{km/h}$ で飛行するに至るまでに必要な仕事を求めて，それまでに飛行する距離を求めよ．この間最大推力で飛行するものとし，抵抗力は無視する．

力学的エネルギー保存則

7. 地面から高さ h の場所から初速度 v_0 でボールを投げた．ボールが地面に到達したときの速さ v はボールを投げる方向に依存するか．v を求めよ．ただし空気の抵抗は無視できるものとする．

8. ゴムのロープの一端を高い橋の上に固定し，他端に体を結んで，橋から飛び降りる．ロープの自然長は $20\,\mathrm{m}$ で，質量 $10\,\mathrm{kg}$ のおもりを吊るしたときに $80\,\mathrm{cm}$ 伸びる．飛び降りた人の質量を $60\,\mathrm{kg}$ とすると，ロープは最大どれほど伸びるか．またロープにかかる張力は最大どれほどか．

振動のエネルギーの減衰と増加

9.(a) 質量 m の質点が式 $x(t) = A\sin\omega t$ で表される単振動をしている．質点の力学的エネルギー E を求めよ．

(b) 質点が速度 v の 2 乗に比例する弱い抵抗力 $F = m\gamma v^2$ を受けるとき，エネルギー E は平均として次式にしたがって減衰する．
$$\frac{\mathrm{d}E}{\mathrm{d}t} = -\langle|Fv|\rangle = -m\gamma\langle|v^3|\rangle$$
ここで $\langle\cdots\rangle$ は半周期当たりの時間平均である．半周期の間においては振幅の変化は無視できるとして次の式を導け．
$$\langle|v^3|\rangle = \frac{4}{3\pi}A^3\omega^3$$

(c) 振幅 $A(t)$ の変化は次の式で表されることを示し，$A(t)$ を求めよ．ただし $A(0) = A_0$ とする．
$$\frac{\mathrm{d}A}{\mathrm{d}t} = -\frac{4}{3\pi}\gamma\omega A^2$$

10. ブランコに乗っている人は重心の位置を上げたり下げたりすることによってブランコを"こぐ"．人の乗ったブランコを単振り子と見なし，重心の位置の変化は振り子の長さの変化と考えよう．

(a) 長さ l の単振り子の最初の力学的エネルギーを E とする (最下点における位置エネルギーを 0 ととる)．最下点を通過するときに振り子の長さを微小量 Δl だけ短くする (重心を上げることに対応)．これに必要な仕事 W は次式で表されることを示せ．
$$W = \left(mg + \frac{2E}{l}\right)\Delta l$$
力学的エネルギーは $E' = E + W$ になる．

(b) 次に最高点に来たときに振り子の長さを Δl だけ長くする．これによるエネルギーの減少 W' は次の式で表されることを示せ．
$$W' = \left(mg - \frac{E'}{l}\right)\Delta l$$
以上により力学的エネルギーが $E'' = E' - W' = E(1 + 3\Delta l/l)$ となることがわかる．

(c) はじめの力学的エネルギーを E_0 として，上の操作を $2n$ 回繰り返した．力学的エネルギーは近似的に $E_{2n} = E_0 \exp(6n\Delta l/l)$ と表せることを示せ．エネルギーの増加率が乗っている人の質量 m には関係しないことに注意しよう．

3

万有引力による質点の運動

ここでは中心力を受ける質点の運動を扱う．特に万有引力の場における惑星や人工衛星の運動を極座標を用いて解析する．角運動量という重要な物理量が登場する．

3.1 角運動量

質点の位置ベクトル r と運動量ベクトル $p = mv$ とのベクトル積 $r \times p$ を原点に関する質点の**角運動量**と定義する．[1] また，力の作用点の位置ベクトル r と力 F のベクトル積 $r \times F$ を原点に関する**力のモーメント**と定義する．角運動量は運動量のモーメントである．角運動量を L, 力のモーメントを N と表すと

$$L = r \times p \tag{3.1}$$

$$N = r \times F \tag{3.2}$$

である．角運動量の定義式の両辺を時間で微分すると次の式を得る．

$$\frac{dL}{dt} = \frac{dr}{dt} \times p + r \times \frac{dp}{dt} \tag{3.3}$$

ここで $dr/dt = v$ と $p = mv$ は平行であるからそのベクトル積は 0 である．また第 2 項の dp/dt は質点に作用する力 F に等しいから結局

$$\frac{dL}{dt} = N \tag{3.4}$$

を得る．すなわち，質点の角運動量の時間変化率は質点に作用する力のモーメントに等しい．力のモーメントが 0 ならば角運動量は時間的に変化しない．これを**角運動量保存則**という．

---

[1] ベクトル積については本節後半の「ベクトルのベクトル積」(p.63) を参照せよ．

質点が**中心力**の場で運動する場合には，$\boldsymbol{F}$ と $\boldsymbol{r}$ は平行または反平行であるから力のモーメントは 0 である．つまり，中心力を受けて運動する質点の角運動量は一定である．角運動量はベクトル量であることに注意しよう．ベクトル量が一定であるということは大きさも方向も時間的に変わらないことを意味する．角運動量の方向が一定であることは，質点の位置ベクトル $\boldsymbol{r}$ がつねに $\boldsymbol{L}$ に垂直な一平面内にあることを意味する．つまり**中心力を受ける質点の運動は原点 (力の中心) を通る一平面内に限られる**．次に，角運動量の大きさは，$\boldsymbol{r}$ と $\boldsymbol{v}$ のなす角度を φ とすると，$mrv\sin\varphi$ である．ところで $\boldsymbol{r}$ と $\boldsymbol{v}$ が作る三角形の面積 $(rv\sin\varphi)/2$ は位置ベクトルが単位時間当たりに描く扇形の面積に等しく，**面積速度**と呼ばれる (図 3.1(a) 参照)．面積速度を dS/dt と書くと，角運動量の大きさ L と次の関係にある．

$$L = 2m\frac{dS}{dt} \tag{3.5}$$

それゆえ**中心力を受けて運動する質点の面積速度は一定である**．これを**面積速度一定の原理**という．なお微小時間 Δt の間に位置ベクトルが描く扇形の面積 $\Delta S = (rv\sin\varphi)\,\Delta t/2$ は，微小時間の間の位置ベクトルの方向の変化を $\Delta\theta$ とすると $\Delta S = r^2 \Delta\theta/2$ と書けるので ($v\Delta t \sin\varphi = r\Delta\theta$, 図 3.1(b) 参照)，面積速度は極座標を用いて次式で表すこともできる．

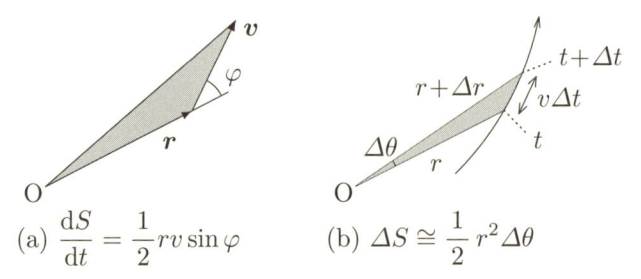

$$\frac{dS}{dt} = \frac{1}{2}r^2\frac{d\theta}{dt} \tag{3.6}$$

(a) $\dfrac{dS}{dt} = \dfrac{1}{2}rv\sin\varphi$ (b) $\Delta S \cong \dfrac{1}{2}r^2\Delta\theta$

図 3.1 (a) 面積速度 (b) 微小時間に位置ベクトルが描く扇形の面積

[問 1] 次の運動をしている質量 m の質点の角運動量 $\boldsymbol{L}$ と面積速度 dS/dt を求めよ．

(a) x-y 平面の直線 $y = a$ に沿って一定速さ v で正方向へ運動している質点
(b) 半径 a の円周上を一定角速度 ω で反時計回りに回転している質点

---

2 つのベクトルのベクトル積

2 つのベクトル $\boldsymbol{A}, \boldsymbol{B}$ から次の規則によって定義されるベクトルを $\boldsymbol{A}$ と $\boldsymbol{B}$ の**ベクトル積**(または外積)と呼び, $\boldsymbol{A} \times \boldsymbol{B}$ と表す.

大きさ $AB \sin \theta$

方向 $\boldsymbol{A}$ と $\boldsymbol{B}$ に垂直で, $\boldsymbol{A}$ の方向から $\boldsymbol{B}$ の方向へ (180° より小さい角度の方向へ) 右ネジを回したときに右ネジが進む方向

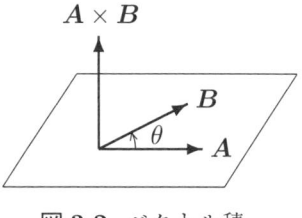

図 3.2 ベクトル積

ただし θ はベクトル $\boldsymbol{A}, \boldsymbol{B}$ のなす角度で, 180° 未満の方を選ぶ. したがってベクトル積は積の順序に依存し, 順序を逆にするとベクトル積の方向は逆向きとなることに注意しよう. すなわち

$$\boldsymbol{B} \times \boldsymbol{A} = -\boldsymbol{A} \times \boldsymbol{B} \tag{3.7}$$

である. なお $\boldsymbol{A}$ と $\boldsymbol{B}$ が平行 ($\theta = 0$) または反平行 ($\theta = 180°$) の場合には $\boldsymbol{A} \times \boldsymbol{B} = 0$ である. 次の分配則が成り立つ.

$$(\boldsymbol{A} + \boldsymbol{B}) \times \boldsymbol{C} = \boldsymbol{A} \times \boldsymbol{C} + \boldsymbol{B} \times \boldsymbol{C} \tag{3.8}$$

2 つのベクトルを直交座標系の成分を用いて

$$\left. \begin{array}{l} \boldsymbol{A} = A_x \boldsymbol{i} + A_y \boldsymbol{j} + A_z \boldsymbol{k} \\ \boldsymbol{B} = B_x \boldsymbol{i} + B_y \boldsymbol{j} + B_z \boldsymbol{k} \end{array} \right\} \tag{3.9}$$

と表すとき, ベクトル積の直交成分を求めよう. 単位ベクトルの間には

$$\boldsymbol{i} \times \boldsymbol{j} = \boldsymbol{k} \quad \boldsymbol{j} \times \boldsymbol{k} = \boldsymbol{i} \quad \boldsymbol{k} \times \boldsymbol{i} = \boldsymbol{j} \tag{3.10}$$

の関係があることに注意すると, 次の結果を得る.

$$\boldsymbol{A} \times \boldsymbol{B} = (A_y B_z - A_z B_y) \boldsymbol{i} + (A_z B_x - A_x B_z) \boldsymbol{j} + (A_x B_y - A_y B_x) \boldsymbol{k} \tag{3.11}$$

3.2 万有引力

質量をもつすべての物体の間には引力が働く．2つの質点の間に作用する引力は，互いに相手の質点の方向を向いており，大きさは各質点の質量の積に比例し，質点間の距離の2乗に逆比例する．この力を**万有引力**と呼んでいる．2つの質点の質量を m_1, m_2，その間の距離を r とすれば力 F は次の式によって表される．

$$F = -G\frac{m_1 m_2}{r^2} \tag{3.12}$$

負号はこの力が引力であることを示す．G は物体には無関係な普遍定数で，**万有引力定数**と呼ばれ，その値は $G = 6.673 \times 10^{-11}$ N·m^2/kg^2 である．この値は非常に小さいので，地上の2つの物体間に作用する引力はほとんど感知することはできない．また原子や分子の運動においては意味をもたない．しかし質量が大きくなるにしたがい，万有引力は重要になる．地球上の物体に作用する重力は物体と地球との間の万有引力にほかならない．地球のまわりの月や人工衛星の運動，太陽のまわりの惑星の運動は完全に万有引力によって支配される．

万有引力の位置エネルギー $U(r)$ は，中心力の位置エネルギーの式 (2.33) に $k = Gm_1m_2$ を代入して得られる．

$$U(r) = -G\frac{m_1 m_2}{r} \tag{3.13}$$

ただし2つの質点が無限にはなれているときの位置エネルギーが0となるように，エネルギーの基準点が選ばれている．したがって有限の範囲においては位置エネルギーは $U(r) < 0$ である．

地球と地上の物体との間の引力を考える際に，地球は質点とは見なせない．この問題を考えるためにまず，半径 a，質量 M の球殻 (表面に質量が分布した中空の球) と，その中心から距離 r の所にある質量 m の質点との間の万有引力を求めよう．図 3.3 の細い円環が質点に与える位置エネルギーは

$$dU = -G\frac{m\,dM}{r'} = -Gm\frac{2\pi a^2 \sigma \sin\theta\,d\theta}{\sqrt{r^2 + a^2 - 2ar\cos\theta}} \tag{3.14}$$

である．ただし dM は細い円環の質量，$\sigma = M/4\pi a^2$ は球殻の面密度 (単位面積当たりの質量) である．右辺を θ について 0 から π まで積分する．積分変

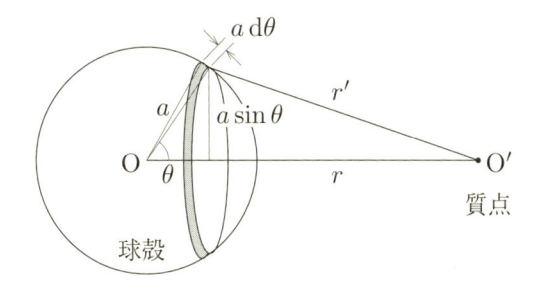

図 3.3 球殻と質点の間の万有引力

細い円環の質量 $dM = 2\pi (a\sin\theta)(a\,d\theta)\sigma$

円環と質点の距離 $r' = \sqrt{r^2 + a^2 - 2ar\cos\theta}$

数を $s = \cos\theta$ に変換して積分を実行すると以下の結果を得る．

$$\begin{aligned}
U &= -2\pi a^2 \sigma Gm \int_{-1}^{1} \frac{ds}{\sqrt{r^2 + a^2 - 2ars}} \\
&= -2\pi a^2 \sigma Gm \left[\frac{-\sqrt{r^2 + a^2 - 2ars}}{ar} \right]_{-1}^{1} \\
&= -2\pi a^2 \sigma Gm \frac{-|r-a| + (r+a)}{ar} \\
&= \begin{cases} -\dfrac{GmM}{r} & r > a \\ -\dfrac{GmM}{a} & r < a \end{cases}
\end{aligned} \quad (3.15)$$

質点に作用する力 $F(r)$ は位置エネルギー $U(r)$ を r で微分して得られる．

$$F(r) = -\frac{dU}{dr} = \begin{cases} -\dfrac{GmM}{r^2} & r > a \\ 0 & r < a \end{cases} \quad (3.16)$$

したがって質点が球殻の外部 ($r > a$) にある場合には，球殻の全質量が中心に集中した質点との間の万有引力と同じである．一方，質点が球殻の内部 ($r < a$) にある場合には，位置エネルギーは一定であるので，質点には力が作用しない．

質量が球対称に分布している球はたくさんの球殻からなると見なせる．球の外側の質点に作用する万有引力を求めるときは，球は全質量を中心に集中させた1つの質点に置き換えてよい．質点が球の内部，球の中心から r の所にある

ときには，半径 r の内側の質量を中心に集中させた質点に置き換えればよい．

地表の物体と地球との万有引力を求めるときには，地球の全質量は中心にあると考えてよい．単位質量の物体に作用する**重力**が重力加速度 g であるから，地球の質量 M と地球の半径 R を使って

$$g = \frac{GM}{R^2} \tag{3.17}$$

と表される．なお実際の重力加速度には地球の自転の効果が加わるので緯度によって多少異なる．[2]

[問 2] 月が地球のまわりを 1 回転するのに $T = 27.3$ 日かかること，重力加速度 $g = 9.8\,\mathrm{m/s^2}$，地球の半径 $R = 6400\,\mathrm{km}$，以上の値を使って地球と月の間の平均距離を求めよ．

[問 3] 月に作用する太陽の万有引力 F_s と地球の万有引力 F_e はどちらが大きいか．ただし太陽の質量は地球の 3.33×10^5 倍，太陽–地球間の距離は月–地球の距離の 400 倍である．

この結果を踏まえて，太陽に固定した座標系から見るときの月の軌道の概略は次の (a), (b), (c) のどれに近いか考えよ．**注意:** 特徴を強調するために特に (a), (b) においては公転半径に比べて地球のまわりの月の軌道半径を大きくとって描いてある．

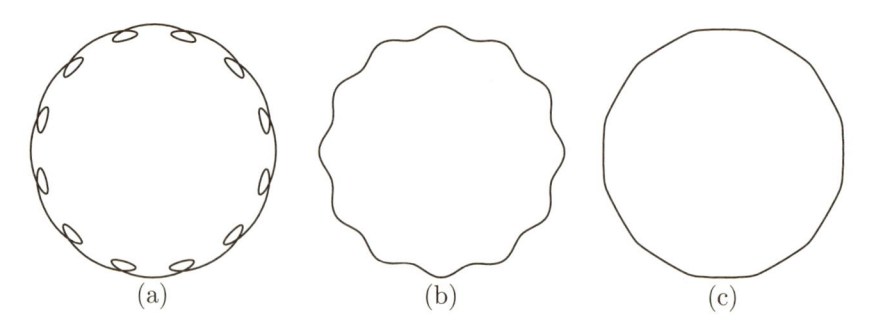

図 3.4 月が宇宙に描く軌道の形は?

---

[2] p.92 の式 (4.15) を参照されたい．

3.3 平面運動の極座標表示

中心力の場における質点の運動は一平面内に限られる．その運動を解析するには直交座標 (x,y) を用いるよりも **極座標** (r,θ) を用いた方が便利である．そこで極座標を用いた運動の記述について解説しておく．

直交座標と極座標の関係は

$$x = r\cos\theta, \qquad y = r\sin\theta \tag{3.18}$$

である．さて，直交座標ではベクトルを成分で表示するとき x 成分と y 成分に分けるが，極座標では **動径成分** (r 成分) と **方位角成分** (θ 成分) に分ける．動径成分は原点と質点の位置とを結ぶ方向の成分 (r の増える向きを正ととる)，方位角成分はこれに垂直な方向の成分 (θ の増える向きを正ととる) であり，それぞれ添字 r, θ をつけて表すことにする．速度ベクトルの x 成分，y 成分と r 成分，θ 成分の関係を図 3.5 に示す．これらの成分の間には次の関係式が成り立つ．

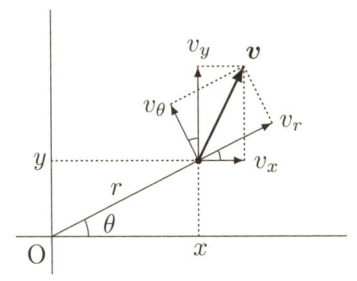

$$\left.\begin{array}{l} v_r = v_x\cos\theta + v_y\sin\theta \\ v_\theta = -v_x\sin\theta + v_y\cos\theta \end{array}\right\} \tag{3.19}$$

図 3.5 2 次元極座標におけるベクトルの分解

質点の運動は r, θ を時刻 t の関数として表せば完全に決定される．$r(t)$ と $\theta(t)$ から速度や加速度の動径成分と方位角成分を計算する式を導いておこう．

微小時間 Δt の間に r が Δr，θ が $\Delta\theta$ 変化したとすれば図 3.6 から明らかなように，動径方向の速度 v_r と方位角方向の速度 v_θ はそれぞれ

$$v_r = \frac{\Delta r}{\Delta t} \quad \rightarrow \quad v_r = \frac{dr}{dt} \tag{3.20}$$

$$v_\theta = \frac{r\Delta\theta}{\Delta t} \quad \rightarrow \quad v_\theta = r\frac{d\theta}{dt} \tag{3.21}$$

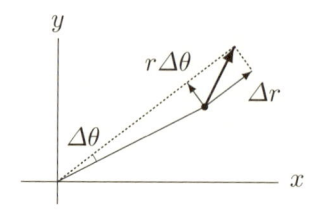

図 3.6 動径方向の変位 Δr と方位角方向の変位 $r\Delta\theta$

と表される.

次に微小時間 Δt の間に v_r が $v_r' = v_r + \Delta v_r$ に, v_θ が $v_\theta' = v_\theta + \Delta v_\theta$ に変化したとしよう (図 3.7(a) 参照). このとき動径方向あるいは方位角方向が変わっていることに注意しよう. 図 3.7(b) に見るように, 方位角の方向が角度 $\Delta\theta$ 変わることによって動径方向の速度変化 $v_\theta \Delta\theta$ が生じる. その向きは v_r の負の向きである. したがって加速度の動径成分は

$$a_r = \frac{\Delta v_r - v_\theta \Delta\theta}{\Delta t} \quad \rightarrow \quad a_r = \frac{\mathrm{d}v_r}{\mathrm{d}t} - v_\theta \frac{\mathrm{d}\theta}{\mathrm{d}t} \tag{3.22}$$

となる. v_r, v_θ に式 (3.20), (3.21) を代入して次の式を得る.

$$a_r = \frac{\mathrm{d}^2 r}{\mathrm{d}t^2} - r\left(\frac{\mathrm{d}\theta}{\mathrm{d}t}\right)^2 \tag{3.23}$$

同様に図 3.7(c) に見るように, 動径方向が角度 $\Delta\theta$ 変わることによって方位角方向の速度変化 $v_r \Delta\theta$ が生じる. 方位角方向の加速度は

$$a_\theta = \frac{\Delta v_\theta + v_r \Delta\theta}{\Delta t} \quad \rightarrow \quad a_\theta = \frac{\mathrm{d}v_\theta}{\mathrm{d}t} + v_r \frac{\mathrm{d}\theta}{\mathrm{d}t} \tag{3.24}$$

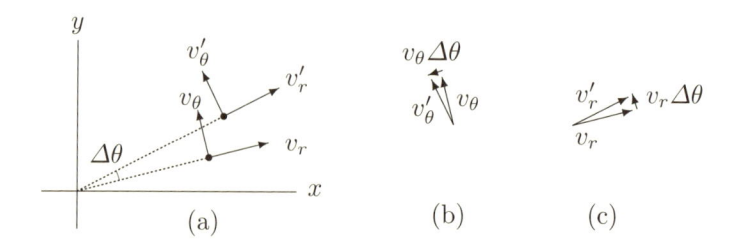

図 3.7 (a) 速度の動径成分と方位角成分の変化 (b) 速度の方位角成分は動径方向の速度変化を生じる (c) 速度の動径成分は方位角方向の速度変化を生じる

v_r, v_θ に式 (3.20), (3.21) を代入して

$$a_\theta = \frac{\mathrm{d}}{\mathrm{d}t}\left(r\frac{\mathrm{d}\theta}{\mathrm{d}t}\right) + \frac{\mathrm{d}r}{\mathrm{d}t}\frac{\mathrm{d}\theta}{\mathrm{d}t} = r\frac{\mathrm{d}^2\theta}{\mathrm{d}t^2} + 2\frac{\mathrm{d}r}{\mathrm{d}t}\frac{\mathrm{d}\theta}{\mathrm{d}t} = \frac{1}{r}\frac{\mathrm{d}}{\mathrm{d}t}\left(r^2\frac{\mathrm{d}\theta}{\mathrm{d}t}\right) \qquad (3.25)$$

を得る.a_r, a_θ はいずれも単に v_r, v_θ を時間微分したものでないことに注意しよう.r 方向も θ 方向も空間に固定した方向ではなく,質点の運動とともに変化するからである.

[例] 原点を中心とする円運動の場合には r は一定であるから次のようになる.

$$v_r = 0 , \qquad v_\theta = r\dot\theta \qquad (3.26)$$

$$a_r = -r\dot\theta^2 , \qquad a_\theta = r\ddot\theta \qquad (3.27)$$

運動方程式の極座標表示

質点に作用する力を r 成分 F_r と θ 成分 F_θ に分けると運動方程式は次のように書ける.

$$m\left\{\frac{\mathrm{d}^2 r}{\mathrm{d}t^2} - r\left(\frac{\mathrm{d}\theta}{\mathrm{d}t}\right)^2\right\} = F_r \qquad (3.28)$$

$$m\frac{1}{r}\frac{\mathrm{d}}{\mathrm{d}t}\left(r^2\frac{\mathrm{d}\theta}{\mathrm{d}t}\right) = F_\theta \qquad (3.29)$$

質点に作用する力がつねに質点と原点を結ぶ直線上にある中心力の場合には $F_\theta = 0$ であるから θ 方向の運動方程式より次の結果を得る.

$$r^2\frac{\mathrm{d}\theta}{\mathrm{d}t} = \text{const.} \qquad (3.30)$$

左辺の量は面積速度の 2 倍であるから,この式は 3.1 節で導いた**面積速度一定の原理**にほかならない.

3.4 ケプラーの法則

ケプラー (Johannes Kepler, 1571–1630) は,チコ・ブラーエ (Tycho Brahe, 1546–1601) が多年にわたって行った惑星の位置の精確な観測データに基づいて,惑星の運動について次の 3 つの結論を得た (1609~1619 年).これが歴史的に名高い**ケプラーの法則**である.

(1) 惑星の軌道は太陽を 1 つの焦点とする楕円である.
(2) 惑星の太陽に対する面積速度は一定である.
(3) 惑星の公転周期の 2 乗は楕円軌道の長径の 3 乗に比例する.

参考までに太陽系の惑星と準惑星 (冥王星) の質量, 楕円軌道の長半径と離心率, 公転周期を表3.1に掲げておく.

表 3.1 太陽系の惑星と準惑星. 1 A.U.(天文単位) $= 1.496 \times 10^8$ km である. 地球の質量は 5.974×10^{24} kg, 太陽の質量はその 3.33×10^5 倍.

	質量 (地球=1)	軌道長半径	公転周期	離心率
水星	0.055	0.3871 A.U.	87.99 日	0.2056
金星	0.815	0.7233	224.70	0.0068
地球	1.000	1.0000	365.24	0.0167
火星	0.107	1.5237	686.98	0.0934
木星	317.832	5.2026	11.862 年	0.0485
土星	95.16	9.5549	29.458	0.0555
天王星	14.54	19.2184	84.022	0.0463
海王星	17.15	30.1104	164.774	0.0090
冥王星	0.0022	39.5401	247.796	0.2490

[問 4] 春分の日 (地球が春分点を通過する日) から秋分の日 (秋分点を通過する日) までの日数と, 秋分の日から翌年の春分の日までの日数を調べよ. 春分点と秋分点は太陽をはさんで正反対の方向にあるのに, 両期間が何日も違うのはなぜか. 地球が近日点を通過するのは夏期か冬期か.

[参考] ケプラーはケプラーの法則をどのようにして見つけたか?

まず軌道の形が円でない可能性を認めると, 地球の軌道も円であるとは限らない. 他の惑星の軌道を決定するにはまず観測を行っている地球の軌道が正確にわかってなければならない. 以下はケプラーがチコ・ブラーエの観測データから地球の軌道を求めた方法である.

太陽 S と地球 E と火星 M が一直線に並んだとき (衝という) を基準にしよう. 火星の公転周期の 1.88 年後, 火星が元の位置 M に戻ったとき地球は E_1 にいる. 天体観測データからは角度 $\angle MSE_1$, $\angle ME_1S$ がわかるので, 線分 MS を基準にして地球の位置 E_1 が決められる. 同様に 3.76 年後の地球の位置 E_2, 5.64 年後の位置 E_3, $\cdots$ が決定される. このようにして約 15 年間の観測データから地球の軌道が決定された. 望遠鏡のなかった時代にもかかわらずチコ・ブラーエの観測した角度の精度は 1 分 (1/60 度) であった. この精度がケプラーの法則の導出に重要であった.

3.4 ケプラーの法則

図 3.8 ケプラーによる地球の軌道の方法
地球と火星の軌道は実際に即して描いてある．

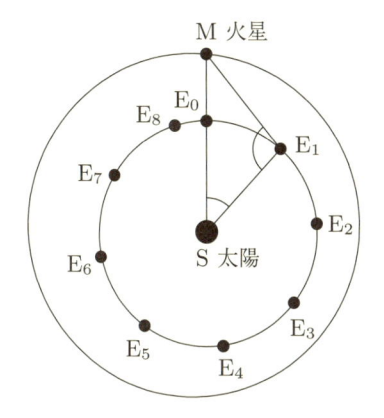

火星の公転周期 約 1.88 年

E_0: 衝のときの地球の位置
M–E_0–S が直線
E_1: 1.88 年後
E_2: 3.76 年後
⋮
E_8: 15.04 年後

地球の軌道が決まれば火星の軌道を求めることは容易である．火星の軌道は地球に近い惑星の中では円からのずれが比較的大きく，ケプラーの第1法則のきっかけとなった．

[問 5] 地球の軌道が求まったとして，火星の軌道を求めるにはどうすればよいか．

ニュートン (Sir Isaac Newton, 1643–1727) はこのケプラーの法則から万有引力の法則を発見したのであるが，ここでは万有引力の法則から運動方程式を使って惑星の運動を調べ，ケプラーの法則が導かれることを示そう．

太陽の質量 M は惑星の質量に比べて十分に大きいので，惑星の運動を調べるには太陽と惑星間の万有引力だけを考えればほとんど十分である．太陽は不動であるとし，その位置を座標の原点にとる．質量 m の惑星に作用する万有引力はつねに原点を向いている中心力である．運動方程式は極座標で表すと

$$m\left\{\frac{d^2 r}{dt^2} - r\left(\frac{d\theta}{dt}\right)^2\right\} = -G\frac{mM}{r^2} \tag{3.31}$$

$$m\frac{1}{r}\frac{d}{dt}\left(r^2\frac{d\theta}{dt}\right) = 0 \tag{3.32}$$

である．前節で述べたように，式 (3.32) は面積速度が一定であることを表す．

$$mr^2\frac{d\theta}{dt} = L \quad \text{または} \quad r^2\frac{d\theta}{dt} = h \tag{3.33}$$

定数 L は角運動量の大きさ, $h = L/m$ は面積速度の2倍である. これが**ケプラーの第2法則**である.

運動方程式 (3.31) と面積速度の式 (3.33) から $d\theta/dt$ を消去すると $r(t)$ についての方程式を得る.

$$\frac{d^2 r}{dt^2} - \frac{h^2}{r^3} = -\frac{GM}{r^2} \tag{3.34}$$

この方程式を解いて r と t の関係を解析的に求めることもできるが複雑になるので, ここでは軌道の形を求めるだけにしよう.

軌道の形は r と θ の関数関係によって表される. まず面積速度一定の関係 (3.33) を使うと時間微分が

$$\frac{d}{dt} = \frac{d\theta}{dt}\frac{d}{d\theta} = \frac{h}{r^2}\frac{d}{d\theta} \tag{3.35}$$

と表されることに注意すれば, 運動方程式 (3.34) は

$$\frac{h}{r^2}\frac{d}{d\theta}\left(\frac{h}{r^2}\frac{dr}{d\theta}\right) - \frac{h^2}{r^3} = -\frac{GM}{r^2} \tag{3.36}$$

と変形される. 整理して次式を得る.

$$\frac{d}{d\theta}\left(\frac{1}{r^2}\frac{dr}{d\theta}\right) - \frac{1}{r} = -\frac{GM}{h^2} \equiv -\frac{1}{l} \tag{3.37}$$

ここで長さの次元をもつ定数

$$l = \frac{h^2}{GM} \tag{3.38}$$

を定義した. l は**半直弦**と呼ばれる. さて $r = 1/u$ の変数変換を行おう.

$$\frac{1}{r^2}\frac{dr}{d\theta} = u^2 \frac{d}{d\theta}\left(\frac{1}{u}\right) = -\frac{du}{d\theta} \tag{3.39}$$

の関係に注意すれば, 方程式 (3.37) は次の簡単な形になる.

$$\frac{d^2 u}{d\theta^2} + u = \frac{1}{l} \tag{3.40}$$

$1/l$ は定数であるから上の方程式を

$$\frac{d^2}{d\theta^2}\left(u - \frac{1}{l}\right) + \left(u - \frac{1}{l}\right) = 0 \tag{3.41}$$

と書き換えれば, 容易に次の解が求まる.

$$u(\theta) = \frac{1}{l}\{1 + e\cos(\theta - \alpha)\} \tag{3.42}$$

3.4 ケプラーの法則

ただし e と α は積分定数である．r と θ の関係に書き直すと

$$r(\theta) = \frac{l}{1 + e\cos(\theta - \alpha)} \tag{3.43}$$

となる．式 (3.43) は極座標で表した軌道曲線の式で，以下にみるように一般に 2 次曲線を表している．

反発力の場合

質点が受ける中心力が原点からの距離の 2 乗に反比例する反発力の場合には，式 (3.31)～(3.36) の G を $-G$ に置き換えればよい．$l = h^2/GM$ ととれば式 (3.43) の右辺の l は $-l$ に置き換えられる．e は積分定数であるから $-e$ を改めて e と書いて，次の式を得る．

$$r(\theta) = \frac{l}{-1 + e\cos(\theta - \alpha)} \tag{3.44}$$

この場合には $r > 0$ であるために，$|e| > 1$ でなければならない．

[参考] 軌道の直交座標表示

上で求めた極座標の式 (3.43), (3.44) を直交座標における式に書き換え，それらが一般に 2 次曲線 (円錐曲線) であることを示しておこう．

原点との距離が最も小さくなる位置 (近点) を $\theta = 0$ の方向とすれば，$\alpha = 0$ および $e \geqq 0$ である．極座標の式 (3.43) または (3.44) を変形して次式を得る．

$$\pm r = l - er\cos\theta \tag{3.45}$$

左辺の $+, -$ はそれぞれ式 (3.43), (3.44) に対応する．両辺を 2 乗して

$$x = r\cos\theta, \qquad y = r\sin\theta \tag{3.46}$$

の関係を使い θ を消去すると，いずれの場合にも次の式を得る．

$$x^2 + y^2 = (l - ex)^2 \tag{3.47}$$

この式の表す曲線は，定数 e の値に応じて図 3.9 のようになる．

1. $e = 0$ の場合

$$x^2 + y^2 = l^2 \tag{3.48}$$

軌道は原点を中心とする半径 l の円である．

2. $0 < e < 1$ の場合

$$(1 - e^2)\left(x + \frac{el}{1 - e^2}\right)^2 + y^2 = \frac{l^2}{1 - e^2} \tag{3.49}$$

この式は**原点を一方の焦点とする楕円**を表しており，e は楕円の**離心率**と呼ばれる量である．楕円の長半径 a と短半径 b は

$$a = \frac{l}{1 - e^2}, \qquad b = \frac{l}{\sqrt{1 - e^2}} \tag{3.50}$$

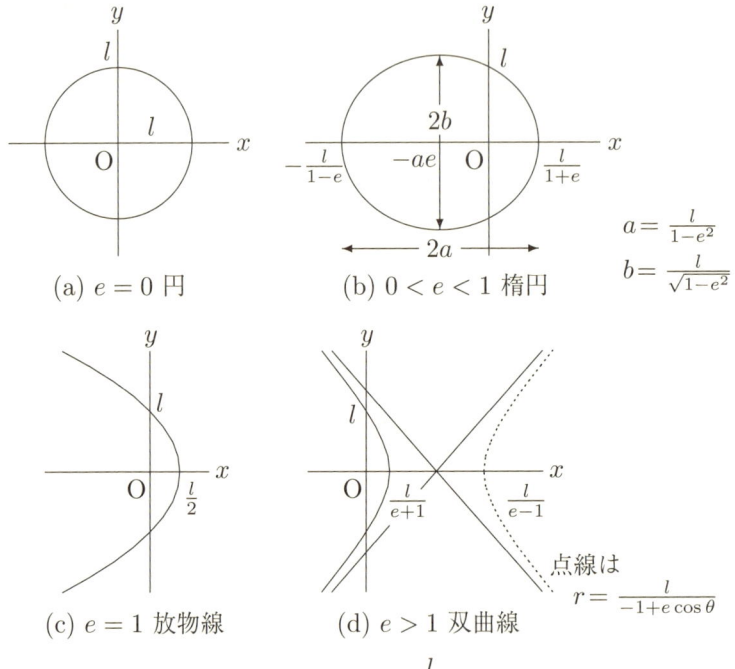

図 3.9 極座標の関係式 $r = \dfrac{l}{1 + e\cos\theta}$ が表す曲線

であり，楕円の面積 S は次式で表される．

$$S = \pi ab = \frac{\pi l^2}{(1 - e^2)^{3/2}} \tag{3.51}$$

3. $e = 1$ の場合

$$x = \frac{l}{2} - \frac{y^2}{2l} \tag{3.52}$$

この式は原点を焦点とする**放物線**である．

4. $e > 1$ の場合

この場合にも式 (3.49) はそのまま成り立つが，次のように書き換えよう．

$$(e^2 - 1)\left(x - \frac{el}{e^2 - 1}\right)^2 - y^2 = \frac{l^2}{e^2 - 1} \tag{3.53}$$

この式は原点を 1 つの焦点とする**双曲線**を表している．この双曲線は 2 つの曲線からなるが，式 (3.43) の表す双曲線は原点に近い側の曲線である．反対側の双曲線は式 (3.44) に対応することに注意しよう．

3.4 ケプラーの法則

惑星の軌道は r が有限であるから $e < 1$ に対応する楕円軌道 (円軌道を含む) であることがわかる．これが**ケプラーの第1法則**である．運動の周期は楕円の面積を面積速度で割れば求まる．楕円の長半径を a, 短半径を b とすると楕円の面積は πab である．これを面積速度 $h/2$ で割って，運動の周期 T は

$$T = \frac{2\pi ab}{h} \tag{3.54}$$

と表される．$b = \sqrt{al}$ および式 (3.38) の関係 $h^2 = lGM$ を使うと次式を得る．

$$T^2 = \frac{4\pi^2}{GM}a^3 \tag{3.55}$$

すなわち**周期の2乗は長半径の3乗 (したがって長径の3乗) に比例する**．これが**ケプラーの第3法則**である．

次に，質点の力学的エネルギーについて調べよう．質点の位置エネルギー (式 (3.13) に $m_1 = m$, $m_2 = M$ を代入) に運動エネルギーを加えて，力学的エネルギー E は

$$E = \frac{1}{2}mv^2 - \frac{GmM}{r} \tag{3.56}$$

と表される．中心力場における力学的エネルギーは一定であることが保証されているので，原点からの距離が最小となる点 (近点) において力学的エネルギーを計算しよう．軌道の式 (3.43) より r の最小値 (近点距離) は

$$r = \frac{l}{1+e} \tag{3.57}$$

である．この点では位置ベクトルと速度ベクトルは垂直をなすので，面積速度は $rv/2$ に等しい．面積速度の2倍を表す h を使うと，近点における速さは

$$v = \frac{h}{r} = \frac{h}{l}(1+e) \tag{3.58}$$

である．近点における r と v を式 (3.56) に代入し，$GM = h^2/l$ に注意して

$$E = \frac{mh^2}{2l^2}\{(1+e)^2 - 2(1+e)\} = -\frac{mh^2}{2l^2}(1-e^2) \tag{3.59}$$

を得る．この式から軌道の式 (3.43) の定数 e は E と $h\,(= L/m)$ を用いて

$$e^2 = 1 + \frac{2l^2}{mh^2}E = 1 + \frac{2h^2}{m(GM)^2}E \tag{3.60}$$

と表される．以上から式 (3.43) の中に入っている定数 l, e, α は運動の初期条件を与えればすべて決定される．l は面積速度から求まり，e は面積速度と力学的エネルギーから決定される．最後に α は軌道が初期位置を通るという条件から決定される．$e > 0$ ととったならば α は近点位置の方位角である．

[例]　人工衛星

地表近くから水平方向に初速度 v_0 で打ち出した人工衛星を考えよう．地球の中心から打ち出し地点までの距離を R, その地点における重力加速度を $g = GM/R^2$ とする．

打ち出し地点は軌道の近地点であるから，l と e を決めれば軌道は完全に決定される．面積速度 $h/2$ と力学的エネルギー E はそれぞれ

$$\frac{h}{2} = \frac{1}{2} R v_0 \tag{3.61}$$

$$E = \frac{1}{2} m v_0^2 - \frac{GmM}{R} = \frac{1}{2} m v_0^2 - mgR \tag{3.62}$$

と表される．これらを式 (3.38), (3.60) に代入して

$$l = \frac{v_0^2}{g} \tag{3.63}$$

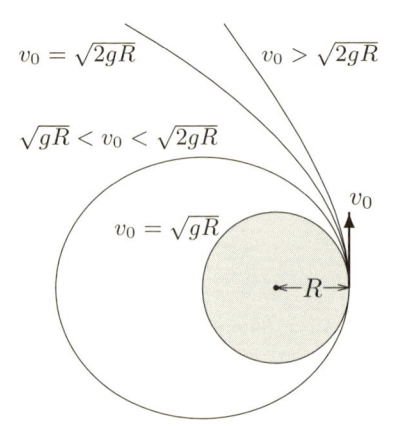

図 3.10　地表近くから水平方向に打ち出したロケットの軌道．図の楕円軌道は $v_0 = 1.5\sqrt{gR}$, 双曲線軌道は $v_0 = 2.5\sqrt{gR}$ に対応する．

および次の結果を得る.
$$e = \frac{v_0^2}{gR} - 1 \tag{3.64}$$
ただし $v_0^2 \geqq gR$ を仮定した.$v_0^2 < gR$ の場合には初期位置は遠地点となり,軌道は半径 R の球の内部に入ってしまう.これは地球の質量が中心に集中していると考えたために生じた解で,実際には地上に落下して人工衛星にはならない.運動を初速度 v_0(または定数 e)の値で分類すると次のようになる.

(1) $v_0 = \sqrt{gR}$ $(e = 0)$

軌道は円である.$g = 9.8\,\mathrm{m/s^2}$,$R = 6400\,\mathrm{km}$ を代入して計算すると $v_0 = 7.9\,\mathrm{km/s}$ となる.この速度は人工衛星となるために必要な速度の最小値であり,**第 1 宇宙速度**と呼ばれる.

(2) $\sqrt{2gR} > v_0 > \sqrt{gR}$ $(1 > e > 0)$

軌道は楕円となる.地球の中心から遠地点までの距離 r を求めよう.遠地点における速度を v とすると,遠地点と近地点における面積速度,力学的エネルギーを等しいとおいて,それぞれ次の式を得る.
$$\frac{1}{2}rv = \frac{1}{2}Rv_0 \tag{3.65}$$
$$\frac{1}{2}mv^2 - \frac{mgR^2}{r} = \frac{1}{2}mv_0^2 - mgR \tag{3.66}$$
この方程式を解いて遠地点までの距離を得る.[3]
$$r = \frac{R}{(2gR/v_0^2) - 1} \tag{3.67}$$
また運動の周期 T は次のように求まる.
$$T = \frac{\pi ab}{h/2} = \frac{2}{Rv_0}\frac{\pi l^2}{(1-e^2)^{3/2}} = 2\pi\sqrt{\frac{R}{g}}\left(2 - \frac{v_0^2}{gR}\right)^{-3/2} \tag{3.68}$$

(3) $v_0 = \sqrt{2gR}$ $(e = 1)$

物体は放物線を描いて無限遠へ飛び去る(ただし太陽の引力は考えない).この速度 $v_0 = 11.2\,\mathrm{km/s}$ を**第 2 宇宙速度**または**脱出速度**という.脱出速度以上の速度で打ち上げられた物体は,**発射する方向に関係なく**,再び地球に戻ってくることはない.

---
[3] 2 次方程式なので 2 つの根をもつが,他方の根は近地点 $r = R$ に対応する.

(4) $v_0 > \sqrt{2gR}$　$(e > 1)$

この場合には双曲線を描いて遠方へ飛び去る.

　地球の公転軌道から打ち出した物体が太陽の引力圏から飛び去るのに必要な速度は, 第2宇宙速度の式 $\sqrt{2GM/R}$ において, M に太陽の質量 1.989×10^{30} kg, R に地球の公転半径 1.496×10^{11} m を代入して計算され, 42.1 km/s である. 地球の公転速度は 29.8 km/s であるから, 物体を公転速度の方向に打ち出すならば, 地球の引力圏を抜け出したときに, 地球に対して $v = 12.3$ km/s の速さをもっていればよい. この速さに対する運動エネルギー $E = mv^2/2$ を式 (3.62) の E に等しいとおいて地表における初速度を求めると, $v_0 = 16.7$ km/s を得る. これを **第3宇宙速度** と呼ぶ.

[問 6]　静止衛星の高度を求めよ.

[問 7]　静止衛星はいずれも赤道の上空にあるが, 東京の上空に打ち上げることはできないのか.

[問 8]　1970年4月, 有人の月ロケット アポロ13号は月までの中間地点を通過してから重大な事故を起こし, すべての予定を放棄して至急地球へ帰ることになった. このとき直ちにその地点から地球へ向かわずに, 月の裏側を回ってから地球へ帰ってきたのはなぜか.

[問 9]　火星や金星へ行くロケットは第2宇宙速度より速い速度で発射するが, 火星に行くときには地球の進行方向 (公転運動の方向) へ, 金星に行くときには反対方向へ打ち出すのはなぜか.

3.5　逆2乗則以外の中心力による運動

　たとえばもし万有引力の法則が逆2乗の法則でなかったら惑星や人工衛星はどんな運動をするであろうか. 一般的な中心力の場合には運動を解析的に解くことは通常できないので, 数値計算による解を示そう.

　数値計算で軌道を求めるには直交座標の方が便利である. 中心力を $F(r)$ (ただし $r = \sqrt{x^2 + y^2}$) とすると直交座標系で運動方程式は次式となる.

$$m\frac{\mathrm{d}^2 x}{\mathrm{d}t^2} = F(r)\frac{x}{r}, \quad m\frac{\mathrm{d}^2 y}{\mathrm{d}t^2} = F(r)\frac{y}{r} \tag{3.69}$$

3.5 逆2乗則以外の中心力による運動

特に, 中心力が原点からの距離に比例する引力 $F(r) = -kr$ の場合には運動方程式はそれぞれ独立な単振動の方程式

$$m\frac{\mathrm{d}^2 x}{\mathrm{d}t^2} = -kx, \quad m\frac{\mathrm{d}^2 y}{\mathrm{d}t^2} = -ky \tag{3.70}$$

となり, 解は直ちに求まる.

$$x(t) = x_0 \sin(\omega t + \phi_x), \quad y(t) = y_0 \sin(\omega t + \phi_y) \tag{3.71}$$

ただし $\omega = \sqrt{k/m}$ である. x_0, y_0, ϕ_x, ϕ_y は積分定数であり, 初期条件から決定される. 軌跡は一般には原点を中心とする楕円となり, 質点の運動は**楕円振動**または**調和振動**と呼ばれる (図3.11(a) 参照).

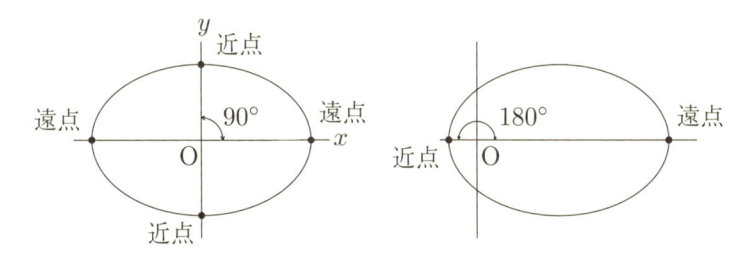

(a) r に比例する引力　　(b) 逆2乗則にしたがう引力

図3.11 (a) $F(r) \propto -r$　(b) $F(r) \propto -r^{-2}$ の場合の楕円軌道

力が原点からの距離に比例する場合と距離の2乗に逆比例する場合を除くと, 運動方程式 (3.69) の解析的な解は一般的には求めることはできない. そこで $F(r) \propto r^{-1.9}$ の場合を例にとって, 運動方程式を数値的に解いてみよう. 単位を適当に選ぶと運動方程式 (3.69) は

$$\frac{\mathrm{d}^2 x}{\mathrm{d}t^2} = -\frac{x}{r^{2.9}}, \quad \frac{\mathrm{d}^2 y}{\mathrm{d}t^2} = -\frac{y}{r^{2.9}} \tag{3.72}$$

と表すことができる. $t = 0$ において $x = 1, y = 0, v_x = 0, v_y = 0.6$ としてこの方程式の数値解を, p.21 に説明した方法で計算した結果を図3.12に示す.

軌道が原点に最も近づいた点 (近点) と最も遠ざかった点 (遠点) においては位置ベクトルと速度ベクトルは直角をなす. このような点を**アプス** (apse) と呼ぶ. また相隣る近点, 遠点と原点とを結ぶ直線がなす角を**アプス角**と呼ぶ. たとえば, 図3.11 に見るように, $F(r) \propto -r$ に対してはアプス角は 90°, 逆2乗

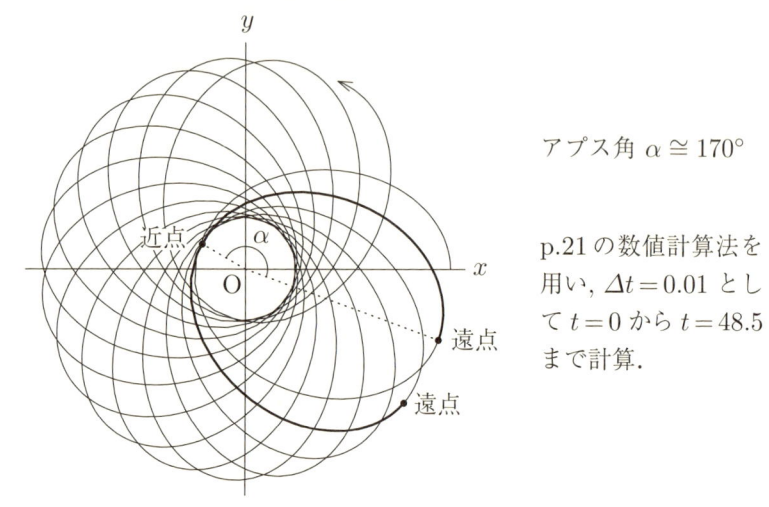

アプス角 $\alpha \cong 170°$

p.21 の数値計算法を用い, $\Delta t = 0.01$ として $t=0$ から $t=48.5$ まで計算.

図 3.12 $F(r) \propto r^{-1.9}$ の例. $(1,0)$ を初速度 $(0, 0.6)$ で出発した場合.

則 ($F(r) \propto -r^{-2}$) に対しては 180° である. この 2 つの場合の特筆すべき特徴は, アプス角が初期条件に依存しないということである. これ以外の中心力に対してはアプス角は初期条件に依存し, 軌道は一般には閉じない.[4] 図 3.12 の例ではアプス角は約 170° である. 中心力場における運動においてアプス角が重要なわけは, アプス角が同じならば運動は本質的には同類と考えて差し支えないことにある. $F(r) \propto -r$ と $(r)F \propto -r^{-2}$ の場合にはいずれも楕円軌道の解をもつが, アプス角はそれぞれ 90° と 180° で, 図 3.11 に示すように運動には本質的な差異がある.

ところで, もしアプス角が初期条件に依存したならば惑星の運動に規則性などなく, ケプラーが惑星の運動の法則を見つけることはできなかったであろう. アプス角が初期条件に依存しない中心力は距離に比例する力と距離の逆 2 乗に比例する力のみであるが, 距離に比例する力だと遠くにあるものほど大きな力を及ぼすことになり, 宇宙の法則にはなりえない. 宇宙の法則が逆 2 乗の万有引力の法則に従うのは極めて自然なことなのである.

---

[4] アプス角が 360° の有理数倍ならば軌道は閉じるので, 軌道がたまたま閉じる場合はいくらでもある.

演習問題

角運動量

1. 質量 m の質点が次の2つの力を受けて運動している.
   中心力：$\boldsymbol{F}_1 = F(r)\dfrac{\boldsymbol{r}}{r}$
   摩擦力：$\boldsymbol{F}_2 = -c\boldsymbol{v}$ ($c > 0$)
   時刻 $t=0$ において質点の角運動量が $\boldsymbol{L}_0$ であった．時刻 t における角運動量 $\boldsymbol{L}(t)$ を求めよ．

万有引力

2. もし地球の密度が一様だとすると，地球の内部に入ったとき重力加速度はどう変化するか．実際には地下 3000 km までは重力加速度の値は地表における値とあまり変わらない．仮に重力加速度が一定だとすると，地球の内部の密度はどのように変化していると考えられるか．

ケプラーの法則

3. 1986 年に太陽から 8.9×10^{10} m の近日点を通過したハレー彗星が次にやってくるのは 2061 年であるという．太陽からハレー彗星の遠日点までの距離を求めよ．また近日点と遠日点における速度の比を求めよ．なお地球の公転軌道の半径は 1.5×10^{11} m である．

万有引力の位置エネルギー

4.(a) 地上から鉛直上方へ打ち上げた物体が無限遠へ飛び去るための最小速度 v_0 を求めよ．結果は地表における重力加速度 g と地球の半径 R を用いて表せ．他の天体の影響は考えない．

  (b) この最小速度で打ち上げた物体が高度 x (地球の中心からの距離 $R+x$) でもつ速度 $v(x)$ を求めよ．

  (c) $\dfrac{\mathrm{d}x}{\mathrm{d}t} = v(x)$ を積分して距離 x 飛行するのに要する時間 $t(x)$ を求めよ．

  (d) $x = 60R$ (月までの距離に相当) 飛行するのに要する時間を数値計算せよ．$R = 6400$ km とせよ．

5.(a) 地球のまわりを円軌道を描いて運動する人工衛星の速さ v は地表からの高度 h と次の関係にあることを示せ．
$$v = \sqrt{\dfrac{GM}{R+h}} = \sqrt{\dfrac{gR^2}{R+h}}$$

$g = GM/R^2$ は地表における重力加速度である．

(b) 上式によれば人工衛星の速さは高度が高いほど遅い．さて，人工衛星が高層でもわずかに存在する大気の抵抗を受けるとしよう．このとき，人工衛星の速さは速くなるか遅くなるか，また高度は高くなるか低くなるか．ただし抵抗は小さいので人工衛星の軌道はつねに円軌道と考えてよい．

(c) 人工衛星と同じ軌道を少し遅れて回っている宇宙飛行士がいる．この飛行士が人工衛星に追いつくためには宇宙銃 (スペースガン) を前方に向けて (人工衛星に向けて) 噴射するという．このわけを説明せよ．地上の感覚で考えると，前方への速度を上げるためには後方へ向けて噴射しなければならないような気がするが．

万有引力による楕円軌道

6. 近点距離 R，遠点距離 $4R$ の楕円軌道を周回する人工衛星について，以下に答えよ．ただし R は地球の半径である．地表における重力加速度 g を使って，万有引力定数 G と地球の質量 M との積は $GM = gR^2$ と近似してよい．

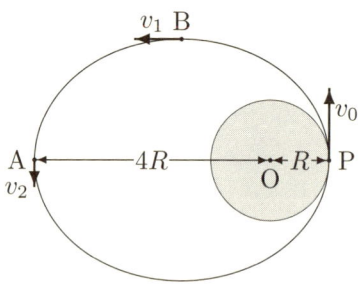

(a) 近点 P における速度を v_0，短径上の点 B における速度を v_1，遠点 A における速度を v_2 とする．面積速度一定の原理を用いて，速度の比 v_1/v_0 および v_2/v_0 の値を求めよ．

(b) 上の結果と力学的エネルギー保存則を用いて，$v_0/\sqrt{gR}$ の値を求めよ．

(c) 楕円の面積を人工衛星の面積速度で割って，運動の周期 T を求めよ (g と R を用いて表せ)．

7. 右図のように地表から $\phi = 45°$ の角度で発射された物体が地球を 1/4 周した C 地点に到達したとする．初速度 v_0 および BC 間の飛行時間 $t_{\rm BC}$ を求めよ．

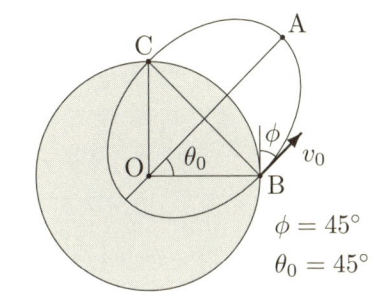

$\phi = 45°$
$\theta_0 = 45°$

8. 地球のまわりを回る人工衛星の遠地点，近地点から地球の中心までの距離をそれぞれ r_1, r_2 とするとき，楕円軌道の離心率 e，遠地点，近地点における速度 v_1, v_2 および運動の周期 T を求めよ．結果は r_1, r_2 および地球の半径 R と地表における重力加速度 g を用いて表せ．

1981 年 2 月に種子島から打ち上げた人工衛星「きく 3 号」の遠地点と近地点の高度はそれぞれ $h_1 = r_1 - R = 35824\,{\rm km}$, $h_2 = r_2 - R = 223\,{\rm km}$ である．速度 v_1, v_2 および周期 T を計算せよ．なお $R = 6378\,{\rm km}$, $g = 9.80\,{\rm m/s^2}$ である．

彗星の運動

9. 彗星が地球に接近し，図のような双曲線軌道を描いて通過したとする．地球に最も近づいたときの地球の中心からの距離は r_0 であった．彗星が地球の引力圏から去って行った方向は，地球の引力圏に入ってきた方向から測って $2\theta_0 \,(>\pi)$ の角度をなす．したがって地球の中心を原点とする極座標 (極座標の軸は彗星が入ってきた方向にとる) を用いると，彗星の軌道は次の式で表される．

$$r = \frac{l}{1 + e\cos(\theta - \theta_0)} \quad \text{ただし} \quad l = \frac{h^2}{gR^2}$$

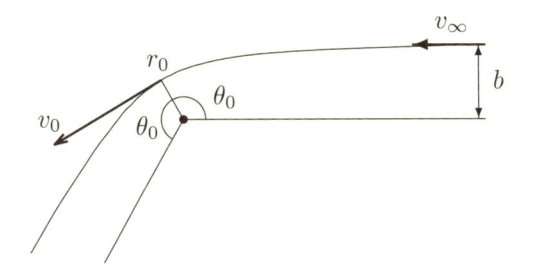

ただし h は面積速度の 2 倍, e は決定すべき定数である. 以下に答えよ. なお地球に固定した座標系は慣性系とみなしてよい. 万有引力定数と地球の質量の積 GM は地球の半径 R と重力加速度 g を用いて gR^2 と表せ.

(a) この極座標では彗星の入射方向は $\theta = 0$ である. e と θ_0 の関係を求めよ. また最近接点の方向は $\theta = \theta_0$ である. e, l, r_0 の間に成り立つ関係式を求めよ.

(b) 十分に遠方と最近接点における彗星の速さをそれぞれ v_∞, v_0 とする. 両地点における面積速度が等しいことを式に表せ. また両地点における力学的エネルギーが等しいことを式に表せ.

(c) 以上から衝突パラメータ b を最近接距離 r_0 と定数 e を使って表せ. また遠方における速さ v_∞ を r_0, e, g, R を用いて表せ.

(d) $\theta_0 = 120°$, $r_0 = 16R$ として $e, l/R, b/R, v_\infty$ の値を求めよ. また v_0 は v_∞ の何倍か.

10. ある中心力 $F(r)$ を受けて運動する質量 m の質点がある. 力の中心を O とする. 質点がある点 A から OA と直角方向に初速度 v_0 で出発したところ, $D = \overline{\mathrm{OA}}$ を直径とする円軌道を描いた.

(a) 軌道の式を極座標の r, θ を用いて表せ.

(b) 質点が原点から r の距離にいるときの角速度 $d\theta/dt$ を求めよ.

(c) 運動方程式を利用して力 $F(r)$ を求めよ.

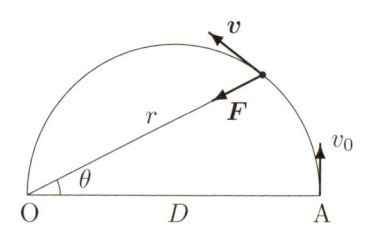

4

非慣性系における運動の記述

加速度運動している乗り物内における物体の運動を調べるには地面に固定した座標系より乗り物内に固定した座標系を用いる方が便利である．気象を左右する大気の運動は地表に固定した座標系を用いて解析するが，地球の自転の影響を無視することはできない．このような慣性系でない座標系における運動の記述について調べよう．

4.1 並進加速度座標系

はじめに慣性系 O–xyz に対して座標軸を平行に保ったまま移動する座標系 O′–$x'y'z'$ を考えよう．このような移動を並進運動といい，座標系 O′–$x'y'z'$ を並進座標系と呼ぶ．O–xyz から見る質点の位置ベクトルを $r(t)$，O′–$x'y'z'$ から見る質点の位置ベクトルを $r'(t)$ とする．O–xyz から見る O′–$x'y'z'$ の原点 O′ の位置ベクトルを $R(t)$ とすると

$$r(t) = r'(t) + R(t) \tag{4.1}$$

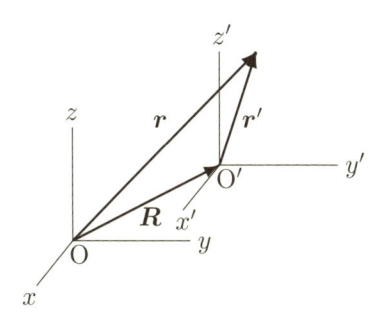

図 4.1 慣性系 O–xyz に対して並進運動する座標系 O′–$x'y'z'$

である．したがって2つの座標系で観測される加速度の間には次の関係が成り立つ．

$$\frac{\mathrm{d}^2 \bm{r}}{\mathrm{d}t^2} = \frac{\mathrm{d}^2 \bm{r}'}{\mathrm{d}t^2} + \frac{\mathrm{d}^2 \bm{R}}{\mathrm{d}t^2} \qquad (4.2)$$

さて，ニュートンの運動方程式

$$m\frac{\mathrm{d}^2 \bm{r}}{\mathrm{d}t^2} = \bm{F} \qquad (4.3)$$

は慣性系において成り立つ．$\bm{F}$ は質点に作用している力である．式 (4.1) を式 (4.3) に代入して，並進加速度系における運動方程式を得る．

$$m\frac{\mathrm{d}^2 \bm{r}'}{\mathrm{d}t^2} = \bm{F} - m\frac{\mathrm{d}^2 \bm{R}}{\mathrm{d}t^2} \qquad (4.4)$$

この式は，並進運動の加速度 $\mathrm{d}^2\bm{R}/\mathrm{d}t^2$ が 0 の場合には，ニュートンの運動方程式にほかならない．すなわち，慣性系に対して一定速度で平行移動している座標系も慣性系である．ある慣性系から別な慣性系への座標変換を **ガリレイ変換** という．ガリレイ変換に対して運動方程式の形は変わらない．これを **ガリレイの相対性原理** という．慣性系は無限に存在し，すべての慣性系は相互に対等である．

加速度 $\mathrm{d}^2\bm{R}/\mathrm{d}t^2$ が 0 でない場合に，は並進座標系における運動方程式 (4.4) の右辺には，慣性系で観測する力 $\bm{F}$ のほかに $-m(\mathrm{d}^2\bm{R}/\mathrm{d}t^2)$ という "見かけの力" が加わる．非慣性系において現れるこのような力を **慣性力** という．

慣性力は次のように理解される．一定の加速度 $\bm{a}$ で運動している乗り物内の糸に吊るされたおもりを考えよう．地上から見ると，おもりは一定加速度で運動しているので，おもりには加速度と質量の積に等しい力 $m\bm{a}$ が作用していなければならない．このため糸は鉛直方向から傾き，張力の水平成分が $m\bm{a}$ に等しくなるような傾きをなす（図 4.2 (a) 参照）．糸が鉛直となす角度 θ は $\tan\theta = a/g$ を満たす．一方，乗り物内から見ればおもりは静止している．したがっておもりに作用する力は釣り合っていなければならない．観測される糸の傾きを力学の法則で説明するためには $-m\bm{a}$ の力が必要なのである（図 4.2 (b) 参照）．

慣性力は慣性系では存在しない力なので "**見かけの力**" と呼ばれるが，非慣性系にいる観測者にとっては現実に体感する力である．たとえば，電車に乗っ

(a) 慣性系　　　　(b) 加速度系

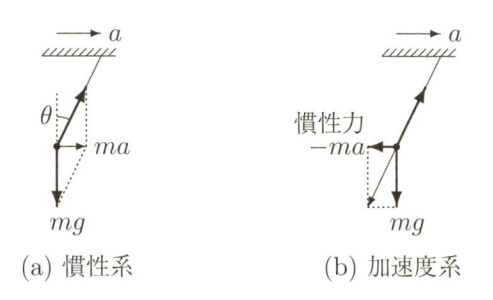

図 4.2 (a) 慣性系では加速度運動しているので力 ma が作用している.
(b) 加速度系では静止しているので合力は 0 である.

ている人は電車が動き出すときは後方へ, 止まるときは前方へ実際に力を受けるであろう.

[問 1] もし太陽系が, 地球の公転軌道面内で, 重力加速度の 1/10 程度の加速度で等加速度運動していたとすると, 地球上ではどのようなことが起こるか想像せよ.

[問 2] 加速度運動しているエレベーターの中で (a) 振り子, (b) バネにつながれたおもり を振動させるとき, 周期は変化するか. 変化する場合, エレベーターの上昇速度が増加しているとき, 周期は長くなるか, 短くなるか.

4.2　回転座標系

4.2.1　角速度ベクトル

原点を通る固定した軸のまわりに角速度 ω で回転している質点を考える. このとき次の規則によって定義されるベクトルを **角速度ベクトル** という.

　　大きさ　　単位時間当たりの回転角 ω
　　方向　　　回転軸に平行で, 回転の向きに右ネジを回したときに
　　　　　　　右ネジが進む方向

質点の位置ベクトル r と角速度ベクトル ω のなす角度を θ としよう (図 4.3 参照). ω と r のベクトル積の大きさは質点の速さ $\omega r \sin\theta$ に等しく, その方向

は速度の方向に一致するから，$\boldsymbol{\omega} \times \boldsymbol{r}$ は速度ベクトルを与える．[1]

$$\boldsymbol{v}(t) = \frac{\mathrm{d}\boldsymbol{r}}{\mathrm{d}t} = \boldsymbol{\omega} \times \boldsymbol{r}(t) \tag{4.5}$$

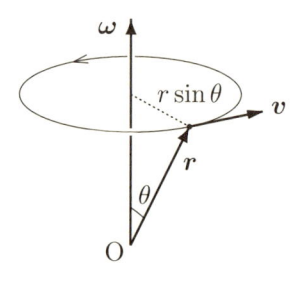

図 4.3 角速度ベクトル

4.2.2 等速回転座標系

慣性系の固定軸のまわりに一定の角速度で回転する **等速回転座標系** (回転系) を考えよう．簡単のため，回転軸に垂直な面内で，慣性系に対して角速度 ω で回転する円板を考える．この円板上で，半径 r の円周上を回転の向きに一定の速さ v' で円運動している質点を考える．v' は回転する円板上の観測者が見る速さである (図 4.4 参照)．この質点を慣性系から見ると，質点の速さ v は次式で表される．

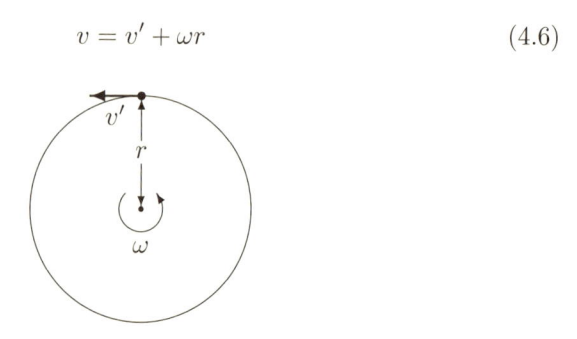

$$v = v' + \omega r \tag{4.6}$$

図 4.4 慣性系の固定軸まわりに角速度 ω で回転する円板上で，半径 r の円周上を速さ v' で等速円運動する質点

---

[1] ただし位置ベクトル $\boldsymbol{r}$ の大きさ，および $\boldsymbol{r}$ と回転軸のなす角度は一定であるとする．

慣性系から見ると質点は半径 r の円周上を速さ v で運動しているから，法線加速度の大きさ (向心加速度) は次式で表される．

$$a_\mathrm{n} = \frac{v^2}{r} = \frac{v'^2}{r} + 2\omega v' + \omega^2 r \tag{4.7}$$

したがって慣性系において質量 m の質点に作用する向心力は

$$F = m a_\mathrm{n} \tag{4.8}$$

である．一方，円板上の観測者にとっては，質点は半径 r の円周上を速さ v' で運動しているから，質点の法線加速度の大きさは

$$a'_\mathrm{n} = \frac{v'^2}{r} \tag{4.9}$$

である．したがって質点に作用する向心力は回転系では

$$F' = m a'_\mathrm{n} \tag{4.10}$$

である．以上の式から F' と F は次の関係にある．

$$F' = F - 2m\omega v' - m\omega^2 r \tag{4.11}$$

すなわち回転系では真の力 F の他に 2 つの "見かけの力" (**慣性力**) が作用することがわかる．$-m\omega^2 r$ は遠心力，$-2m\omega v'$ は**コリオリの力** (Coriolis' force)[2] と呼ばれる．マイナスは，これらの力が回転軸に垂直で外向きに作用することを示している．

回転系で静止している物体に作用する慣性力は**遠心力**だけである．慣性系において一定の角速度 ω で半径 r の円周上を回転している質点を考えよう．円運動をしている質点には大きさ $m\omega^2 r$ の向心力が作用している (図 4.5 (a) 参照)．これを同じ角速度で回転する回転座標系から見てみよう．質点は静止して見えるから質点に作用する力は釣り合っていなければならない．このためには慣性系における力と釣り合う外向きに作用する力がなければならない．この力が遠心力なのである (図 4.5 (b) 参照)．

遠心力は日常でもよく経験する．カーブする乗り物内では曲率中心と反対方向に力を受けるが，この力が遠心力である．

---

[2] G. G. Coriolis (1792 – 1843) によって 1828 年に提唱された．

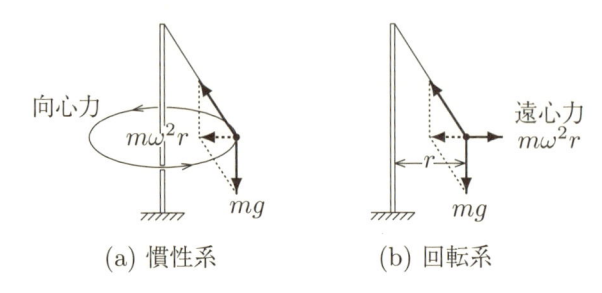

図 4.5 (a) 慣性系では等速円運動．向心力 $m\omega^2 r$ が作用している．
(b) 回転系では静止しているので合力は 0 でなければならない．

[問 3] 地球のまわりを円軌道を描いて運動する人工衛星について，「重力と遠心力が釣り合って回っている」という表現は物理的に正確ではない．なぜか．

[問 4] 「地球上の物体には太陽の万有引力も作用している．その大きさは地球の引力の約 1/1600 である．夜は 2 つの力は同じ方向であるのに対し，昼は逆向きである．それゆえ夜の方が昼よりも少し体重が重い．」という議論はどこが正しくないか．

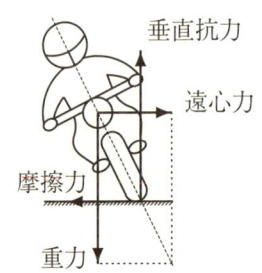

[問 5] オートバイがカーブを曲がるとき車体を傾けなければならない理由を述べよ (図 4.6)．

図 4.6 カーブで傾くわけは？

回転系で運動している物体には遠心力の他に**コリオリの力**が作用する．質量 m の物体が回転系において，速さ v' で回転軸と垂直な方向に，回転の向きに運動している場合には，コリオリの力の大きさは $2m\omega v'$，方向は回転軸に垂直で外向きである．一般に回転座標系の角速度 $\boldsymbol{\omega}$ に対して任意の速度 $\boldsymbol{v'}$ で運動する質点に作用するコリオリの力は，詳しい理論によればベクトル積

$$2m\boldsymbol{v'} \times \boldsymbol{\omega} \tag{4.12}$$

によって表される．回転軸 ($\boldsymbol{\omega}$ の方向) と角度 θ の方向に運動する質点に作用するコリオリの力の大きさは $2m\omega v' \sin\theta$，力の方向はつねに速度の方向に垂直で

ある．

　コリオリの力が生じるわけを理解するために，慣性系の x 軸上を一定速度 v で運動する質点を考えよう．遠心力の効果を除くために原点から出発するものとする．微小時間 Δt の間に質点は $\Delta x = v\Delta t$ だけ変位する．これを z 軸のまわりに回転している x'-y' 座標系で見てみよう（図 4.7 参照）．時間 Δt の間に回転座標系は慣性系に対して $\Delta\theta = \omega\Delta t$ だけ回転しているので，質点の位置は $-y'$ 方向に $\Delta x\Delta\theta = \omega v(\Delta t)^2$ だけずれる．したがって y' 方向に加速度 $-2\omega v$ を生じさせる力 $F'_y = -2m\omega v$ が作用していることになる．この力がコリオリの力にほかならない．

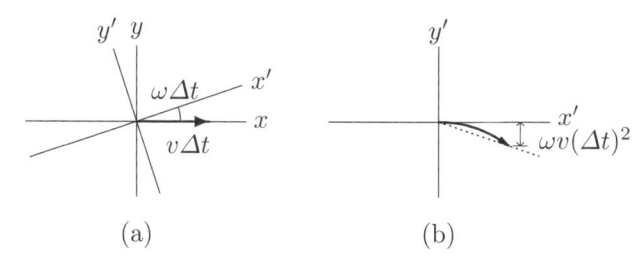

図 4.7　(a) 慣性系では $+x$ 方向への等速度運動．
　　　　　(b) 回転系で見ると $-y'$ 方向へ加速度運動している．

[問 6] 速さ 200 km/h で東から西に向かって水平に走っている列車内の体重 60 kgw の人に作用するコリオリの力の大きさはどれほどか．

4.2.3　地表に固定した座標系での運動の記述

　地球の自転を考慮して地表付近における物体の運動を調べよう．
　まず地球の自転による遠心力について考えよう．地球の半径を R, 物体が存在する地点の緯度を θ とすると，地軸から物体までの距離は $R\cos\theta$ であるから，自転の角速度を ω とすると，質量 m の物体が受ける遠心力の大きさは $m\omega^2 R\cos\theta$ である．地上の物体に作用する重力 mg は，実は地球の万有引力 mg_0 と遠心力 $m\omega^2 R\cos\theta$ の合力である（図 4.8 参照）．したがって次の関係式が成り立つ．

$$g^2 = (g_0^2 - 2g_0\omega^2 R\cos^2\theta + \omega^4 R^2\cos^2\theta)^{1/2} \tag{4.13}$$

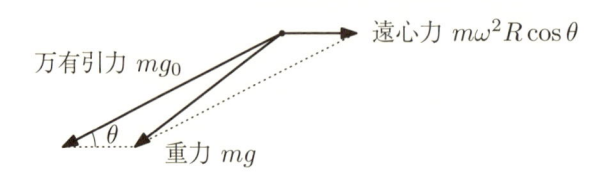

図 4.8 "重力"は万有引力と遠心力の合力である．図中の θ は緯度である．

$\omega^2 R \ll g_0 = GM/R^2$ の近似で次の結果を得る．

$$g \cong g_0 - \omega^2 R \cos^2 \theta \tag{4.14}$$

万有引力定数 $G = 6.673 \times 10^{-11}\,\mathrm{N \cdot m^2/kg^2}$，地球の質量 $M = 5.974 \times 10^{24}\,\mathrm{kg}$，半径 $R = 6.37 \times 10^6\,\mathrm{m}$，自転の角速度 $\omega = 2\pi/(24 \times 3600)\,\mathrm{rad/s} = 7.27 \times 10^{-5}\,\mathrm{rad/s}$ の値を使って計算すると次の結果を得る．

$$g = (9.824 - 0.034 \cos^2 \theta)\,\mathrm{m/s}^2 \tag{4.15}$$

これ以上正確な g の値を求めるには，地球が完全な球形ではないことや地形の影響などを考慮しなければならない．なお鉛直線とは重力 mg の方向であるが，赤道上と極点を除いては地球の中心を通らないことがわかる．鉛直線と赤道面のなす角度を**地理緯度**という．[3] これに対して上式の θ は地表の点と地心（地球の重心）とを結ぶ直線が赤道面となす角度で，**地心緯度**という．地心緯度と地理緯度の差はわずか（最大でも 0.2° 程度）なので以下では無視する．

さて，地上の緯度 θ の地点に固定した座標系 $\mathrm{O}'\text{-}x'y'z'$ を考えよう．鉛直上方に z' 軸，東方に x' 軸，北方に y' 軸をとる（図 4.9 参照）．質点の位置ベクトルを $\boldsymbol{r}'$，速度ベクトルを $\boldsymbol{v}'$ とする．運動の範囲は地球の半径に比べて十分小さい（$r' \ll R$）とする．質点の質量を m，質点に作用する地球の万有引力以外の力（慣性力は除く）を $\boldsymbol{F}$ とする．遠心力を繰り込んだ重力 $m\boldsymbol{g}$ を使うと運動方程式は

$$m\frac{\mathrm{d}^2 \boldsymbol{r}'}{\mathrm{d}t^2} = \boldsymbol{F} + m\boldsymbol{g} - 2m\boldsymbol{\omega} \times \boldsymbol{v}' \tag{4.16}$$

となる．右辺の最後の項は**コリオリの力**である．この運動方程式を x', y', z'

---

[3] 厳密なことを言えば，鉛直線と赤道面がなす角度は天文緯度といい，地球楕円体の表面の法線方向と赤道面のなす角度を地理緯度という．天文緯度と地理緯度の差を鉛直線偏倚という．鉛直線偏倚は角度にして数秒程度である．

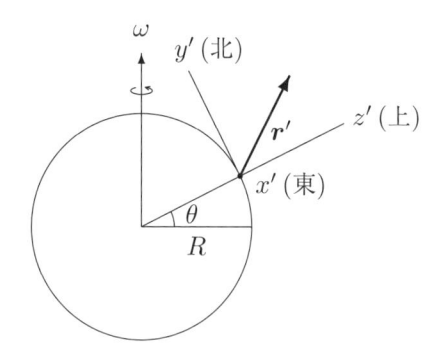

図 **4.9** 地表に固定した座標系

成分ごとに書こう．自転の角速度ベクトル ω を座標系 O'-$x'y'z'$ の成分で表すと $(0, \omega\cos\theta, \omega\sin\theta)$ であるから，運動方程式は

$$\left.\begin{aligned} m\frac{\mathrm{d}^2 x'}{\mathrm{d}t^2} &= F_x + 2m\omega\left(\frac{\mathrm{d}y'}{\mathrm{d}t}\sin\theta - \frac{\mathrm{d}z'}{\mathrm{d}t}\cos\theta\right) \\ m\frac{\mathrm{d}^2 y'}{\mathrm{d}t^2} &= F_y - 2m\omega\frac{\mathrm{d}x'}{\mathrm{d}t}\sin\theta \\ m\frac{\mathrm{d}^2 z'}{\mathrm{d}t^2} &= F_z - mg + 2m\omega\frac{\mathrm{d}x'}{\mathrm{d}t}\cos\theta \end{aligned}\right\} \quad (4.17)$$

となる．地表付近で物体が水平に運動しているときに作用するコリオリの力の水平成分の大きさは $2m\omega v\sin\theta$ で，物体の進行方向に垂直，北半球 ($\theta > 0$) では進行方向に向かって右向きに作用する．コリオリの力は通常非常に小さいので，通常の物体の運動に対しては無視できる．しかし，地表の大気の運動に対しては重力はほとんど意味をもたない．気象現象においてはコリオリの力は，圧力勾配によって生じる力とともに，重要な役割を果たす．風向が等圧線に対して直角でないこと，特に低気圧や高気圧のまわりの特徴的な風向はコリオリの力に由来する．

地衡風

気圧傾度 (圧力勾配) による力とコリオリの力が釣り合って，等圧線に平行に吹く風を **地衡風** という．図 4.10(a) のように等圧線に垂直に，気圧の減る方向に y' 軸をとる．単位体積の空気を考えると，気圧傾度による力は $-\mathrm{d}p/\mathrm{d}y'$，コ

リオリの力は $2\rho\omega v\sin\theta$ である．コリオリの力の方向は北半球では図 4.10 に示すように，風は気圧の低い方を左手にみるように吹くことになる．風速は力の釣り合いから

$$v = \frac{1}{2\rho\omega\sin\theta}\left|\frac{dp}{dy'}\right| \qquad (4.18)$$

となる．気圧傾度を $1\,\mathrm{hPa}/100\,\mathrm{km}$, $\rho = 1.15\,\mathrm{kg/m^3}$ とすると，緯度 $\theta = 35°$ において風速は約 $10\,\mathrm{m/s}$ である．地上付近で実際に吹く風は地面との摩擦のために図 4.10(b) のように等圧線に対して気圧の低い方へ傾くが，上空に行って摩擦の影響がなくなると，等圧線に平行になる．

(a) 上空では等圧線に平行　　(b) 地表付近

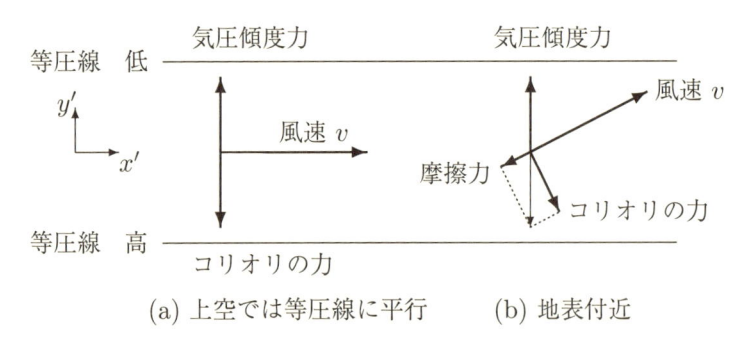

図 **4.10** 地衡風

フーコーの振り子

振動面が自由に回転できる振り子の微小振動を考えよう．物体を吊るす糸と鉛直方向とのなす角度が十分小さければ，物体の z' 座標は一定とみなしてよい．そこで質点の z' 座標は $z' = 0$ とする．このとき糸の張力は mg と近似してよいので，糸の長さを l とすれば質点に作用する力は

$$F_x = -\frac{mg}{l}x', \qquad F_y = -\frac{mg}{l}y' \qquad (4.19)$$

である．よって運動方程式 (4.17) より次式を得る．

$$\left.\begin{array}{l} m\dfrac{d^2x'}{dt^2} = -\dfrac{mg}{l}x' + 2m\omega\dfrac{dy'}{dt}\sin\theta \\[6pt] m\dfrac{d^2y'}{dt^2} = -\dfrac{mg}{l}y' - 2m\omega\dfrac{dx'}{dt}\sin\theta \end{array}\right\} \qquad (4.20)$$

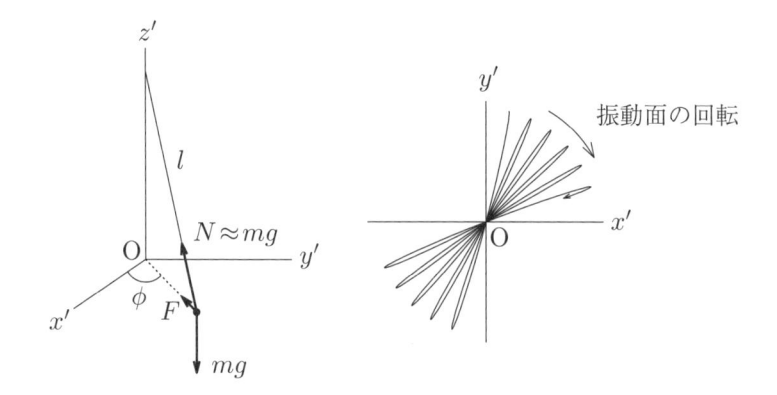

図 4.11 フーコーの振り子. 北半球では時計回りに振動面が回転していく. 1 時間当たりの回転角は東京で約 $8.6°$ である.

第 1 式に $-y'/m$, 第 2 式に x'/m を掛けて辺々加え合わせよう.

$$x'\frac{\mathrm{d}^2 y'}{\mathrm{d}t^2} - y'\frac{\mathrm{d}^2 x'}{\mathrm{d}t^2} = -2\omega \left(x'\frac{\mathrm{d}x'}{\mathrm{d}t} + y'\frac{\mathrm{d}y'}{\mathrm{d}t}\right)\sin\theta \tag{4.21}$$

両辺を t で積分して

$$x'\frac{\mathrm{d}y'}{\mathrm{d}t} - y'\frac{\mathrm{d}x'}{\mathrm{d}t} = -\omega\left(x'^2 + y'^2\right)\sin\theta + \mathrm{const.} \tag{4.22}$$

を得る. $x' = r\cos\phi$, $y' = r\sin\phi$ の関係を使って極座標で表すと

$$r^2\frac{\mathrm{d}\phi}{\mathrm{d}t} = -\omega r^2 \sin\theta + \mathrm{const.} \tag{4.23}$$

となる. $\mathrm{d}\phi/\mathrm{d}t$ は振動面が回転する角速度である. 原点 $r=0$ を通るように振動を起こしたとすれば上式の $\mathrm{const.}= 0$ であるから

$$\frac{\mathrm{d}\phi}{\mathrm{d}t} = -\omega\sin\theta \tag{4.24}$$

となる. すなわち北緯 θ の地点では振り子の振動面は上から見て角速度 $\omega\sin\theta$ で時計回りに回転する. フーコー (J. B. L. Foucault, 1819–1868) は, パリの神殿の天井から $l = 67\,\mathrm{m}$ の針金で $m = 28\,\mathrm{kg}$ の振り子を吊り下げて最初に実験した (1851 年). 地球の自転を実証するこの種の振り子は**フーコーの振り子**と呼ばれている.[4]

---

[4] 東京上野の国立博物館をはじめ各地の科学館で実演されている.

自由落下する物体の運動

高さ h の地点から静かに放した物体の運動を考えよう．重力加速度 g は高さによらず一定とする．図 4.9 の座標系を用いて，時刻 $t=0$ に $(0,0,h)$ から自由落下する物体の運動は，空気の抵抗を無視し，コリオリの力を考えなければ

$$x' = 0, \qquad y' = 0, \qquad z' = h - \frac{1}{2}gt^2 \tag{4.25}$$

と表される．コリオリの力を考えると，物体の運動は鉛直線からずれる．このずれを求めよう．運動方程式 (4.17) において $F=0$ である．コリオリの力による補正はわずかであると考えられるので，運動方程式の右辺の $\dot{x}', \dot{y}', \dot{z}'$ には式 (4.25) を微分した結果, $\dot{x}'=0, \dot{y}'=0, \dot{z}' \cong -gt$ を代入する．

$$\left. \begin{aligned} \frac{d^2 x'}{dt^2} &\cong -2\omega \frac{dz'}{dt} \cos\theta = 2\omega g t \cos\theta \\ \frac{d^2 y'}{dt^2} &\cong 0 \\ \frac{d^2 z'}{dt^2} &\cong -g \end{aligned} \right\} \tag{4.26}$$

すなわち物体は次の式にしたがって x' 方向 (東) へそれる．

$$x' = \frac{1}{3}\omega g t^3 \cos\theta \tag{4.27}$$

高さ h だけ落下する時間は $t=\sqrt{2h/g}$ であるが，この間に東にずれる距離は

$$x' = \frac{2}{3}\sqrt{\frac{2h^3}{g}}\,\omega \cos\theta \tag{4.28}$$

である．緯度 $\theta = 35°$ の地点において $h=20\,\mathrm{m}$ として計算するとわずか $x'=1.6\,\mathrm{mm}$ にすぎない．通常の物体の運動を考える場合にはコリオリの力を無視してよいことがわかるであろう．

演習問題

並進加速度系

1. 水平な直線線路上を加速度 a で等加速度運動している電車内に，長さ l の軽い糸でおもりを吊した．おもりの微小振動の周期を求めよ．
2. なめらかで水平な直線 (x 軸) 上のバネ (バネ定数 k) の一端に質量 m の質点をつないだ．バネの他端が単振動するときの質点の運動を，バネの端と一緒に単振動する座標系で論ぜよ．

回転座標系 (等速円運動の向心力を用いて解くこともできる)

3. 自動車が曲率半径 R のカーブを速度 v で走行している．仮に路面とタイヤの間に摩擦がなくても横滑りしないためには，路面を水平からどれほど傾ければよいか．またこのとき車内の人が"遠心力"を感じないわけを述べよ．$R = 200\,\text{m}$, $v = 25\,\text{m/s}\ (90\,\text{km/h})$ として路面の傾き角を求めよ．
4. 体重 $60\,\text{kgw}$ のスピードスケートの選手が半径 $20\,\text{m}$ のカーブを速度 $12\,\text{m/s}$ で滑るとき体をどれほど傾けなければならないか．またこのとき足にかかる力はどれほどか．
5. 一定の角速度で回転している円錐振り子の運動の周期 T は，支点から回転面までの長さ h をもった単振り子の周期 ($2\pi\sqrt{h/g}$) に等しいことを示せ．

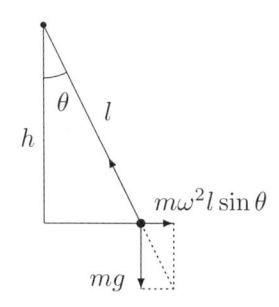

コリオリの力

6. なめらかな水平面上を速さ v で運動する質点はコリオリの力を向心力として円運動する．北緯 $35°$ 付近において，水平面内を速さ $v = 10\,\text{m/s}$ で運動している質点の円運動の半径 R を計算せよ．

7. 飛行機が北極点の真上を水平に速度 $900\,\mathrm{km/h}$ で飛んでいる．機内で静止している振り子の糸は地上の鉛直線の方向からどれほど傾いているか．
8. 北半球の低気圧では風は反時計回りに，高気圧では時計回りに吹いている．中心から半径 r の円周に沿って風速 v で流れている大気の単位体積について，気圧傾度力 $|\mathrm{d}p/\mathrm{d}r|$ とコリオリの力 $2\rho\omega v\sin\theta$ との差が円運動の向心力 $\rho v^2/r$ を与えると考えて，低気圧と高気圧の場合に対してそれぞれ運動方程式を書け．これらの式を v の2次方程式とみなして解き，v を求めよ (解は2つ出てくるが，$|\mathrm{d}p/\mathrm{d}r|=0$ のとき $v=0$ となる方を採用する)．高気圧では低気圧の場合と違って，圧力勾配と風速に上限がある．これらの上限を求め，"高気圧の台風" はありえないことを説明せよ．

なお地表付近での風向は地面との摩擦力により気圧の低い側へかたよる．このため低気圧では内側へ吹き込み，高気圧では外側へ吹き出す．

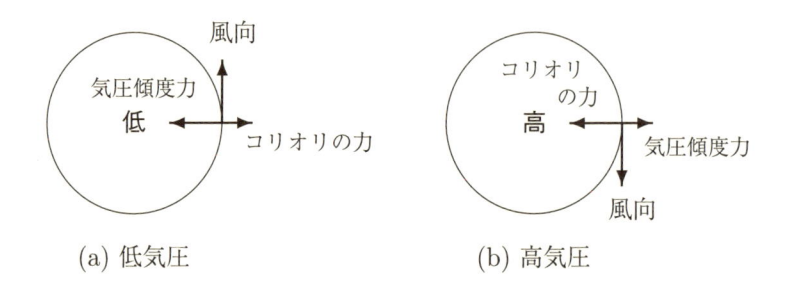

(a) 低気圧　　　　　　　　(b) 高気圧

5

質点系の力学

　これまでは 1 個の質点の運動を取り扱ってきたが，この章では任意の数の質点の運動について調べる．対象とする質点の集団を **質点系** という．質点系の運動を解析するには，個々の質点について運動方程式をたて，それらを連立させて解を求めればよい．このためには，それぞれの質点に作用する力がすべて知られてなければならない．しかし個々の質点に作用する力が全部わかっていなくても，したがって個々の質点の運動が完全に求められなくても，質点系について一般的に成り立つ重要な関係式を導くことができる．質点系の全運動量と全角運動量の時間変化に関する式である．

5.1 質点系の運動量

　まず，質点に作用する力を外力と内力に分けよう．**外力** は質点系の外から各質点に作用する力であり，**内力** は質点系の質点間で相互に作用する力である．i 番目の質点に作用する外力を F_i，j 番目の質点が i 番目の質点に及ぼす内力を F_{ji} と記すと，それぞれの質点の運動方程式は次のように書ける．

$$\left.\begin{aligned} m_1 \frac{\mathrm{d}^2 \boldsymbol{r}_1}{\mathrm{d}t^2} &= \boldsymbol{F}_1 \phantom{+\boldsymbol{F}_{12}} + \boldsymbol{F}_{21} + \boldsymbol{F}_{31} + \cdots \\ m_2 \frac{\mathrm{d}^2 \boldsymbol{r}_2}{\mathrm{d}t^2} &= \boldsymbol{F}_2 + \boldsymbol{F}_{12} \phantom{+\boldsymbol{F}_{21}} + \boldsymbol{F}_{32} + \cdots \\ m_3 \frac{\mathrm{d}^2 \boldsymbol{r}_3}{\mathrm{d}t^2} &= \boldsymbol{F}_3 + \boldsymbol{F}_{13} + \boldsymbol{F}_{23} \phantom{+\boldsymbol{F}_{32}} + \cdots \\ &\vdots \end{aligned}\right\} \quad (5.1)$$

方程式は質点の数だけある．これらの運動方程式を辺々加え合わせよう．ここで，内力 $\boldsymbol{F}_{ij}$ と $\boldsymbol{F}_{ji}$ は作用・反作用の関係にあることに注意すると，運動の第3法則から

$$\boldsymbol{F}_{ij} + \boldsymbol{F}_{ji} = 0 \tag{5.2}$$

であるので次の式を得る．和はすべての質点についてとるものとする．

$$\sum_i m_i \frac{\mathrm{d}^2 \boldsymbol{r}_i}{\mathrm{d}t^2} = \sum_i \boldsymbol{F}_i \tag{5.3}$$

質点系の**質量中心**(慣性中心または重心ともいう)の位置ベクトル $\boldsymbol{R}$ を次の式で定義する．

$$\boldsymbol{R} = \frac{\sum_i m_i \boldsymbol{r}_i}{\sum_i m_i} = \frac{\sum_i m_i \boldsymbol{r}_i}{M} \tag{5.4}$$

M は質点系の全質量である．両辺を t で微分して質量中心の速度 $\boldsymbol{V}$ を得る．

$$\boldsymbol{V} = \frac{\mathrm{d}\boldsymbol{R}}{\mathrm{d}t} = \frac{\sum_i m_i \boldsymbol{v}_i}{M} \tag{5.5}$$

$\boldsymbol{v}_i = \mathrm{d}\boldsymbol{r}_i/\mathrm{d}t$ は各質点の速度である．ここで $\sum_i m_i \boldsymbol{v}_i$ は**質点系の全運動量** $\boldsymbol{P}$ であるから，次式を得る．

$$\boldsymbol{P} = \sum_i m_i \boldsymbol{v}_i = M\boldsymbol{V} \tag{5.6}$$

これらの関係を使うと式 (5.3) は

$$M \frac{\mathrm{d}^2 \boldsymbol{R}}{\mathrm{d}t^2} = \sum_i \boldsymbol{F}_i \quad \text{または} \quad \frac{\mathrm{d}\boldsymbol{P}}{\mathrm{d}t} = \sum_i \boldsymbol{F}_i \tag{5.7}$$

と表される．これらの式から次の結論が得られる．

1. 質点系の質量中心の運動は，**系の全質量が質量中心に集中したと考えたときの質点に すべての外力が作用するときの運動に等しい**．大きさのある物体も質点系と考えることができるから，質量中心の運動を考える限り，質点の運動として扱うことができる．
2. 質点系の全運動量は，全質量が質量中心に集中したと考えたときの質点の運動量に等しい．その時間変化は外力の総和だけで決定され，個々の内力

には関係しない．

3. 外力が作用しない場合または外力の総和が 0 である場合には，全運動量は時間が経過しても変化しない．これを **運動量保存則** という．全運動量が一定に保たれるということは，質量中心が静止しているか等速直線運動をしていることを意味する．

[**例題**] 密閉した箱の中の虫の運動による箱の重さの変動

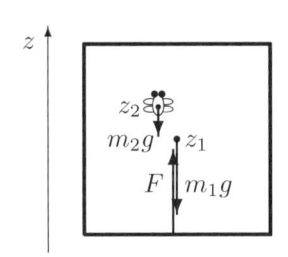

図 5.1 密閉した箱の中の虫の運動

質量中心 (重心) の運動を考えることによって処理できる問題の例として，中に虫を閉じこめた密閉された箱の重さについて考えよう．鉛直軸を z 軸とし，箱と虫の質量をそれぞれ m_1, m_2，箱の重心の z 座標を z_1，虫の重心を z_2 とする．全系の質量中心の z 座標 Z は，質量の和を $M = m_1 + m_2$ とすると

$$Z = \frac{m_1 z_1 + m_2 z_2}{M} \tag{5.8}$$

である．系が受ける外力は箱と虫に作用する重力 $m_1 g, m_2 g$ と箱が床から受ける垂直抗力 F である．よって重心運動について次の式が成り立つ．

$$M \frac{d^2 Z}{dt^2} = F - (m_1 + m_2) g \tag{5.9}$$

箱の重さとは箱が床に及ぼす力 (垂直抗力の反作用) であり，F にほかならない．箱は床の上に静止しているとすれば z_1 は一定であるから

$$F = (m_1 + m_2) g + m_2 \frac{d^2 z_2}{dt^2} \tag{5.10}$$

となる．これより虫が一定の速度で飛んでいるときは重さは単なる和 $(m_1+m_2)g$ であるが，加速度運動するときは変化する．たとえば，虫が上方へ飛ぶ速さが増加するとき，または下方へ飛ぶ速さが減少するときは重くなる．特に，箱の床面

から飛び立つときや床面へ舞い降りるときには重くなる．逆に上方へ飛ぶ速さが減少するとき，下方へ飛ぶ速さが増加するときは軽くなる．以上の議論において注意すべきことは，箱と虫の間に作用する力は内力であってこの問題においては考える必要がないということである．

[問 1] 質量中心の運動は外力だけで決まり，内力は関係しない．車輪とブレーキの間に作用する力は内力なのに，なぜブレーキをかけると車は止まるのか，説明せよ．

[問 2] 軽い糸に吊るした金属の球を，水を入れたビーカーの中に浸した．糸を放した直後 (金属球が下方に加速度をもつとき) の全体の重さは，金属球がビーカーの底に沈んでいるときに比べて大きいか小さいか．

5.2 質点系の運動エネルギー

質点系の質量中心の運動は，全体としての系の運動と見なせる．したがって質点系の運動は，系の全体としての運動と，質量中心に対する個々の質点の**相対運動** (内部運動) からなると考えることができる．

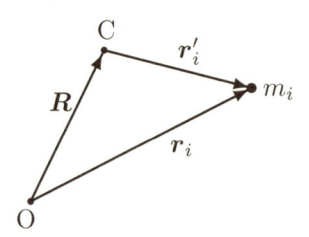

図 5.2 質量中心 C に相対的な位置ベクトル r_i'

質点系の質量中心の位置を R とし，i 番目の質点の位置ベクトルを r_i とする．質量中心に相対的な i 番目質点の位置ベクトルを r_i' は式

$$r_i = R + r_i' \tag{5.11}$$

によって定義される (図 5.2 参照)．両辺の時間微分をとると次式を得る．

$$v_i = V + v_i' \tag{5.12}$$

すなわち質点の速度 v_i は，質量中心の速度 V と質量中心に対する**相対速度** v_i' との和である．

質点系の全運動エネルギーを K としよう．

$$\begin{aligned}K &= \frac{1}{2}\sum_i m_i v_i^2 \\ &= \frac{1}{2}\sum_i m_i V^2 + \sum_i m_i \boldsymbol{V}\cdot\boldsymbol{v}_i' + \frac{1}{2}\sum_i m_i v_i'^2\end{aligned} \quad (5.13)$$

ここで質量中心の定義式 (5.4) と式 (5.11) より

$$M\boldsymbol{R} = \sum_i m_i \boldsymbol{r}_i = \sum_i m_i \boldsymbol{R} + \sum_i m_i \boldsymbol{r}_i' \quad (5.14)$$

となるが，最右辺の第1項は $M\boldsymbol{R}$ に等しいから

$$\sum_i m_i \boldsymbol{r}_i' = 0 \quad (5.15)$$

であることがわかる．この式を時間で微分すれば

$$\sum_i m_i \boldsymbol{v}_i' = 0 \quad (5.16)$$

である．ゆえに式 (5.13) の第2項の $\boldsymbol{V}\cdot\left(\sum m_i \boldsymbol{v}_i'\right)$ は 0 である．したがって次の結果を得る．

$$K = \frac{1}{2}MV^2 + \frac{1}{2}\sum_i m_i v_i'^2 \quad (5.17)$$

右辺の第1項は質点系の全質量が質量中心に集まった場合の運動エネルギーで**質量中心の運動エネルギー**と呼ばれる．第2項は質量中心に対する**相対運動の運動エネルギー**，すなわち質点系の**内部運動のエネルギー**である．

5.3　2体問題

2つの質点が互いに力を及ぼし合いながら運動する場合を考えよう (図 5.3 参照)．この問題を **2体問題** という．各質点の運動方程式は次のように書ける．

$$\left.\begin{aligned}m_1 \frac{\mathrm{d}^2 \boldsymbol{r}_1}{\mathrm{d}t^2} &= \boldsymbol{F}_{21} \\ m_2 \frac{\mathrm{d}^2 \boldsymbol{r}_2}{\mathrm{d}t^2} &= \boldsymbol{F}_{12} = -\boldsymbol{F}_{21}\end{aligned}\right\} \quad (5.18)$$

全質量を $M = m_1 + m_2$ とする．質量中心の位置ベクトル $\boldsymbol{R}$ は

$$\boldsymbol{R} = \frac{m_1 \boldsymbol{r}_1 + m_2 \boldsymbol{r}_2}{M} \quad (5.19)$$

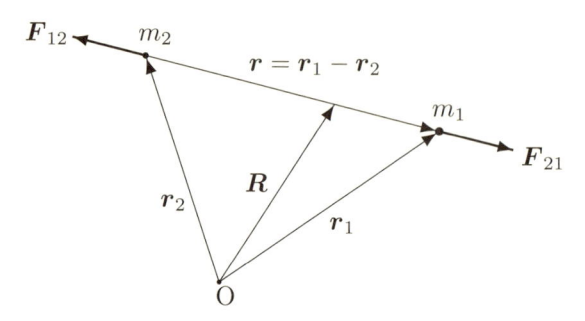

図 5.3 2体問題．図の力は反発力の場合．

である．運動方程式の各辺の和をとると次の式を得る．
$$M\frac{d^2 \boldsymbol{R}}{dt^2} = 0 \tag{5.20}$$
すなわち質量中心は静止しているか等速度運動している．外力は考慮してないから，これは運動量保存則の当然の結果である．

質点2に対する質点1の相対的な位置ベクトルを $\boldsymbol{r}$ としよう．
$$\boldsymbol{r} = \boldsymbol{r}_1 - \boldsymbol{r}_2 \tag{5.21}$$
各運動方程式をそれぞれの質量で割って辺々の差をとると次の式を得る．
$$\frac{d^2 \boldsymbol{r}}{dt^2} = \left(\frac{1}{m_1} + \frac{1}{m_2}\right)\boldsymbol{F}_{21} \tag{5.22}$$
この式を次のように書き換えてみよう．
$$\mu\frac{d^2 \boldsymbol{r}}{dt^2} = \boldsymbol{F}_{21} \tag{5.23}$$
$$\mu = \left(\frac{1}{m_1} + \frac{1}{m_2}\right)^{-1} = \frac{m_1 m_2}{m_1 + m_2} \tag{5.24}$$
これは質量 μ の1つの質点に力 $\boldsymbol{F}_{21}$ が作用するときの運動方程式である．式 (5.24) によって定義される μ を2つの質点の**換算質量**と呼ぶ．換算質量を使うと **2体問題は1個の質点の運動に帰着される**．方程式 (5.23) を解いて $\boldsymbol{r}$ を求めれば，質量中心に相対的な各質点の位置ベクトルは次の式から決定される．
$$\left.\begin{array}{l} \boldsymbol{r}_1' = \boldsymbol{r}_1 - \boldsymbol{R} = \dfrac{m_2}{m_1 + m_2}\boldsymbol{r} \\[2mm] \boldsymbol{r}_2' = \boldsymbol{r}_2 - \boldsymbol{R} = -\dfrac{m_1}{m_1 + m_2}\boldsymbol{r} \end{array}\right\} \tag{5.25}$$

たとえば 2 つの質点が万有引力を及ぼしあって運動する場合には, r は楕円を描く．このとき各質点の軌道は原点を質量中心にとって描くと図 5.4 のようになる．質量の比が大きい場合と同程度の場合について描いてある．

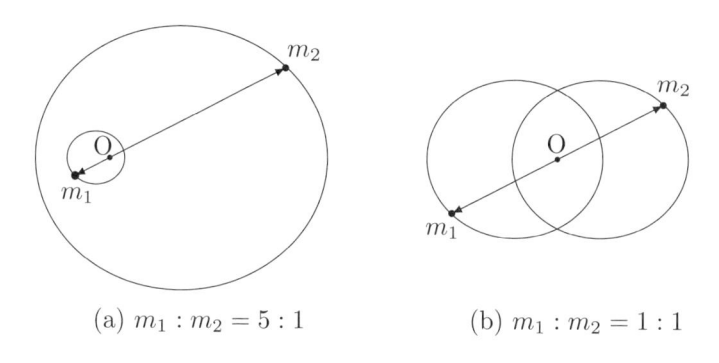

(a) $m_1 : m_2 = 5 : 1$ 　　　(b) $m_1 : m_2 = 1 : 1$

図 **5.4** 連星．O:質量中心．楕円の離心率 $e = 0.48$.

5.4 衝突

一般に**衝突**の際には物体間に大きな力が作用する．この力を**撃力**(衝撃力)という．実際の衝突過程においてこの撃力を決めることは難しい場合がしばしばあるので, 運動方程式から出発して衝突を解析することは困難である．しかし撃力は内力であるので, 衝突する双方の物体を含む系の全運動量に変化を与えない．系に外力が作用しなければ (または作用してもその総和が 0 ならば), 全運動量は保存する．[1] この保存則を利用して 2 つの物体の衝突現象を調べ, 運動量の保存則が力学現象の解析にいかに有効な手段を提供してくれるか見てみよう．

なお原子物理学などの分野では, **衝突**とは**物体間の相互作用の過程**という意味で用いる．2 つの粒子が文字通り接触しなくても, 相互作用によって片方または双方の粒子の軌道が曲げられれば**衝突**という．

---

[1] 外力が作用していても, 衝突時間が十分に短くて, その間の外力の力積が衝突時に物体間に作用する撃力の力積に比べて無視できる場合には, 衝突の直前と直後の全運動量は近似的に等しいと見なすことができる．

5.4.1 1次元の衝突

最初に直線上における2つの粒子の衝突を調べよう．一直線上を速度 v_1, v_2 で運動している質量 m_1, m_2 の粒子が衝突し，衝突後の速度がそれぞれ v'_1, v'_2 になったとしよう．運動方向に平行な外力が作用していなければ，衝突の前後で運動量の和は不変である．

$$m_1 v_1 + m_2 v_2 = m_1 v'_1 + m_2 v'_2 \tag{5.26}$$

また通常，衝突の前後の相対速度の比は一定である．

$$\frac{v'_1 - v'_2}{v_1 - v_2} = -e \tag{5.27}$$

この e を**はねかえり係数**または**反発係数**という．右辺のマイナス記号は $v_1 > v_2$ とすれば $v'_1 < v'_2$ であるからである．以上の2式から v'_1 と v'_2 を求めることができる．連立方程式を直接解いて v'_1, v'_2 を求めることもできるが，以下ではこの問題を質量中心の速さで移動する座標系で調べてみよう．

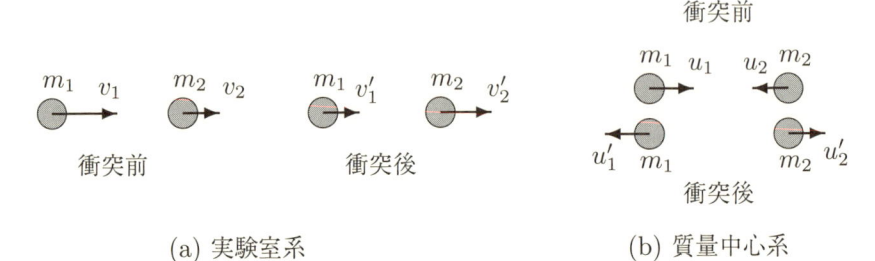

(a) 実験室系   (b) 質量中心系

図 **5.5** 一直線上の衝突

質量中心の速さ V

$$V = \frac{m_1 v_1 + m_2 v_2}{m_1 + m_2} = \frac{m_1 v'_1 + m_2 v'_2}{m_1 + m_2} \tag{5.28}$$

で移動する座標系を**質量中心系**（または**重心系**）という．これに対して実験室に固定した座標系を**実験室系**と呼ぶ．**質量中心系では質量中心は静止しており，全運動量は 0 である．**このため以下に見るように衝突問題の解析が非常に簡単になる．質量中心系での衝突前の各粒子の速度 u_1, u_2 は

$$u_1 = v_1 - V = \frac{m_2}{m_1 + m_2}(v_1 - v_2) \tag{5.29}$$

$$u_2 = v_2 - V = -\frac{m_1}{m_1 + m_2}(v_1 - v_2) \tag{5.30}$$

である．衝突後の速度 u_1', u_2' は

$$u_1' = v_1' - V = \frac{m_2}{m_1 + m_2}(v_1' - v_2') = -e u_1 \tag{5.31}$$

$$u_2' = v_2' - V = -\frac{m_1}{m_1 + m_2}(v_1' - v_2') = -e u_2 \tag{5.32}$$

となる．ここで式 (5.27) の関係を使った．このように質量中心系では衝突前の速度に $-e$ を掛ければ衝突後の速度を得る．

質量中心系において運動エネルギーを調べてみよう．衝突前の運動エネルギーは

$$\frac{1}{2}m_1 u_1^2 + \frac{1}{2}m_2 u_2^2 = \frac{1}{2}\mu(v_1 - v_2)^2 \tag{5.33}$$

衝突後の運動エネルギーは

$$\frac{1}{2}m_1 u_1'^2 + \frac{1}{2}m_2 u_2'^2 = \frac{1}{2}e^2\mu(v_1 - v_2)^2 \tag{5.34}$$

と表される．いずれも換算質量 μ の1つの質点が，相対速度に等しい速度で運動しているときの運動エネルギーに等しい．質量中心系における運動エネルギーは2つの粒子の相対運動の運動エネルギーであることがわかる．実験室系での運動エネルギーを求めるには，これに質量中心の運動エネルギー $\frac{1}{2}(m_1 + m_2)V^2$ を加えればよい．

はねかえり係数の意味を考えてみよう．上の2式から，はねかえり係数の2乗は衝突の前後の相対運動の運動エネルギーの比であることがわかる．$e = 1$ の場合にはエネルギーは衝突の前後で保存される．このような衝突を**弾性衝突**という．これに対して $e < 1$ は**非弾性衝突**，特に $e = 0$ の場合には，2つの粒子は衝突後，合体して運動する．このような衝突を**完全非弾性衝突**と呼ぶ．

衝突現象を質量中心系で観測すると，2つの粒子の速度が0となる瞬間がある．一般的なエネルギー保存則の観点から見ると，この瞬間には衝突前に2つの粒子がもっていた相対運動の運動エネルギーは，すべて別な形態のエネルギーに変換されたことになる．たとえば2つのボールの衝突の場合には，衝突の瞬間にはボールは弾性変形しており，運動エネルギーは弾性エネルギーに変換される．ボールが再び元の形に戻り，運動エネルギーが衝突前の値に回復すれば，

衝突は弾性的である．しかし運動エネルギーの一部が熱などに変換されたり，形状の永久的な変形に使われたりすると，衝突後の運動エネルギーは衝突前より減少し，衝突は非弾性的となる．はねかえり係数の2乗は衝突前の相対運動のエネルギーが衝突後に再び相対運動の運動エネルギーに戻される割合である．

[問 3] 低速 (10 km/h 程度以下) で走っている自動車の正面衝突においては，はねかえり係数は 1 に近いが，高速 (40 km/h 以上) で走っている場合には，はねかえり係数はほとんど 0 であるわけを考えよ．

[問 4] 一直線上において質量 m の物体1が，静止している物体2に弾性衝突する．物体2の (a) 速度，(b) 運動量，(c) 運動エネルギー を最大とするには，それぞれの場合に物体2の質量は物体1の何倍に選べばよいか．

5.4.2　2次元の衝突

衝突が一般に平面内で起こる場合について調べよう．簡単のために，一定速度で飛んで来た粒子が，静止している粒子に衝突する場合を考える．図5.6のように x 軸に平行に速度 $\boldsymbol{v}_1$ で入射した質量 m_1 の粒子が静止している質量 m_2 の粒子に衝突し，入射粒子は速度 $\boldsymbol{v}_1'$ で x 軸と角度 θ_1 の方向へ，静止していた粒子は速度 $\boldsymbol{v}_2'$ で反対側の角度 θ_2 の方向へ運動していたとしよう．運動量はベクトル量であることに注意して，運動量保存則

$$m_1 \boldsymbol{v}_1' + m_2 \boldsymbol{v}_2' = m_1 \boldsymbol{v}_1 \tag{5.35}$$

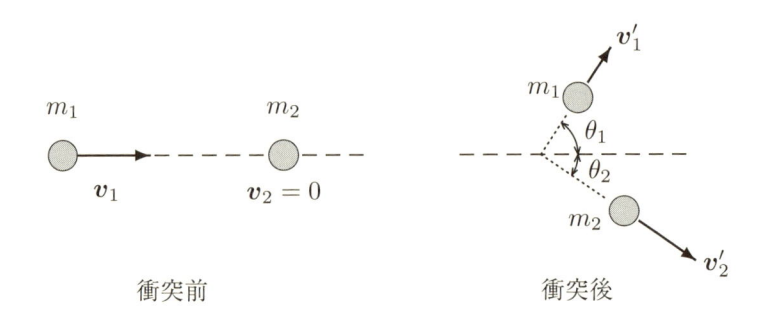

図 5.6　2次元の衝突，実験室系

を x 方向と y 方向の成分に分けて書くと次の 2 つの式を得る.

$$m_1 v'_1 \cos\theta_1 + m_2 v'_2 \cos\theta_2 = m_1 v_1 \tag{5.36}$$

$$m_1 v'_1 \sin\theta_1 - m_2 v'_2 \sin\theta_2 = 0 \tag{5.37}$$

以下では, 衝突の前後で全運動エネルギーが保存される弾性衝突の場合を考えよう. この場合には次式が成り立つ.

$$\frac{1}{2} m_1 {v'_1}^2 + \frac{1}{2} m_2 {v'_2}^2 = \frac{1}{2} m_1 v_1^2 \tag{5.38}$$

2 次元の衝突が質量中心系でいかに要領よく記述されるか見てみよう. 実験室系における 2 つの粒子の質量中心の速度 $\boldsymbol{V}$ は次式で与えられる.

$$\boldsymbol{V} = \frac{m_1}{m_1 + m_2} \boldsymbol{v}_1 \tag{5.39}$$

質量中心系における各粒子の衝突前の速さを $\boldsymbol{u}_1, \boldsymbol{u}_2$ とすると

$$\boldsymbol{u}_1 = \boldsymbol{v}_1 - \boldsymbol{V} = \frac{m_2}{m_1 + m_2} \boldsymbol{v}_1 \tag{5.40}$$

$$\boldsymbol{u}_2 = -\boldsymbol{V} = -\frac{m_1}{m_1 + m_2} \boldsymbol{v}_1 \tag{5.41}$$

である. 質量中心系における衝突後の粒子の速度をそれぞれ $\boldsymbol{u}'_1, \boldsymbol{u}'_2$ とすると

$$\boldsymbol{u}'_1 = \boldsymbol{v}'_1 - \boldsymbol{V} \tag{5.42}$$

$$\boldsymbol{u}'_2 = \boldsymbol{v}'_2 - \boldsymbol{V} \tag{5.43}$$

である. 質量中心系では全運動量は 0 であるから

$$m_1 \boldsymbol{u}_1 + m_2 \boldsymbol{u}_2 = m_1 \boldsymbol{u}'_1 + m_2 \boldsymbol{u}'_2 = 0 \tag{5.44}$$

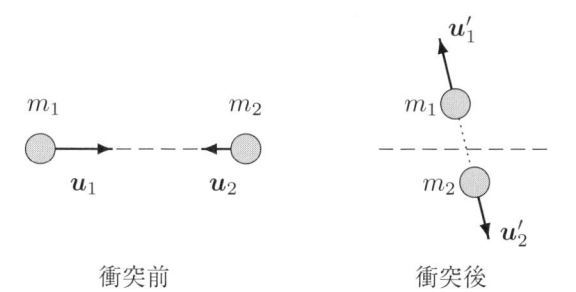

図 **5.7** 2 次元の衝突, 質量中心系

である．したがって u'_1 と u'_2 は一直線上にあり，逆向きであることがわかる．各速度ベクトルの大きさを u_1, u_2, u'_1, u'_2 とすると

$$\left.\begin{array}{r} m_1 u_1 = m_2 u_2 \\ m_1 u'_1 = m_2 u'_2 \end{array}\right\} \tag{5.45}$$

が成り立つ．次に運動エネルギー保存の関係は

$$\frac{1}{2} m_1 u_1^2 + \frac{1}{2} m_2 u_2^2 = \frac{1}{2} m_1 {u'_1}^2 + \frac{1}{2} m_2 {u'_2}^2 \tag{5.46}$$

と表される．式 (5.45) を (5.46) に代入して整理すると次の結果を得る．

$$u_1 = u'_1 \quad \text{および} \quad u_2 = u'_2 \tag{5.47}$$

すなわち質量中心系で弾性衝突を観測すると，衝突後の粒子はそれぞれ衝突前と同じ速さで，互いに逆方向に運動している．

以上の式をもとにして，v_1 と θ_1 を与えたときに，u'_1, u'_2 および実験室系における v'_1, v'_2, θ_2 を作図的に決定することができる．まず式 (5.42) に着目すると，u'_1 と v'_1 を次の手順で求めることができる（図 5.8(a) 参照）．

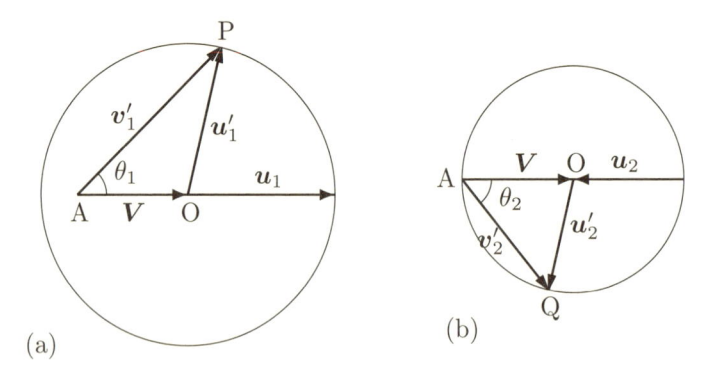

図 5.8 作図による解法．静止している質量 m_2 の粒子に質量 m_1 の粒子が衝突する場合．

① 半径 $m_2 v_1 / (m_1 + m_2) \, (= u_1 = u'_1)$ の円を描く．
② 円の中心 O が終点となるようにベクトル V を描く．
③ ベクトル V の始点 A から V と角度 θ_1 をなす方向に直線を描き，円の交点を P とすると，$v'_1 = \overrightarrow{AP}, u'_1 = \overrightarrow{OP}$ である．

次に式 (5.43) に着目すれば，v_2' は次の手順で求めることができる (図 5.8(b) 参照)．

① 半径 $m_1 v_1/(m_1+m_2)(=u_2=u_2')$ の円を描く．
② 円の中心 O が終点となるようにベクトル $\boldsymbol{V}$ を描く．
③ 円の中心 O から $\boldsymbol{u}_1'$ と逆の方向に線を引き，円との交点を Q とする．このとき $\boldsymbol{v}_2'=\overrightarrow{AQ}$, $\boldsymbol{u}_2'=\overrightarrow{OQ}$ である．

特に $m_1=m_2$ の場合には，$u_1=u_2=V=v_1/2$ となり，2 つの円の半径はともに V に等しい．すなわち $\boldsymbol{v}_1'$ と $\boldsymbol{v}_2'$ は図 5.9 に示すように直角をなす．

$$\theta_1 + \theta_2 = \frac{\pi}{2} \tag{5.48}$$

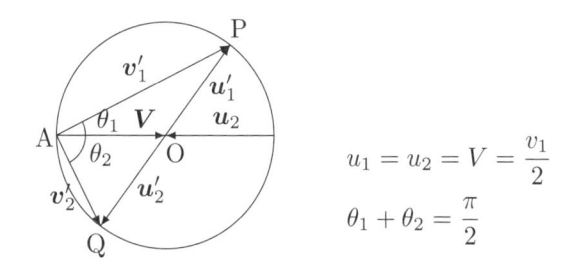

図 5.9 静止している粒子に等質量の粒子が衝突するとき，衝突後の運動方向は直角をなす．

衝突後の運動方向 θ_1 または θ_2 を決定するには，衝突の際に粒子間に作用する内力を知る必要がある．一例として表面がなめらかな 2 つの球が衝突する場合を考えてみよう (図 5.10 参照)．2 つの球の表面が接触した瞬間に作用する力 (内力) は，表面がなめらかならば 2 つの球の中心を結ぶ直線 (x 軸) 上にある．接触面の接線 (y 軸) 方向には力は作用しないから，速度の y 軸方向成分はどちらの球についても衝突の前後で変化しない．

$$v_{1y}' = v_{1y} \quad \text{および} \quad v_{2y}' = v_{2y} \tag{5.49}$$

衝突が弾性的でない場合には，速度の x 成分について，はねかえり係数の式が成り立つ．

$$\frac{v_{2x}' - v_{1x}'}{v_{2x} - v_{1x}} = -e \tag{5.50}$$

$$v'_{1y} = v_{1y}$$
$$v'_{2y} = v_{2y}$$
$$\frac{v'_{2x} - v'_{1x}}{v_{2x} - v_{1x}} = -e$$

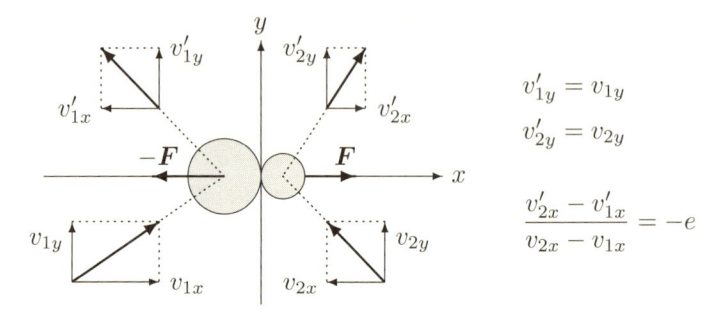

図 5.10 なめらかな球の衝突

これに運動量保存の関係

$$m_1 v_{1x} + m_2 v_{2x} = m_1 v'_{1x} + m_2 v'_{2x} \tag{5.51}$$

を使えば衝突後の速度の x 成分 v'_{1x}, v'_{2x} が決定される．

[問 5] 質量 m の粒子が床と角度 θ の方向から速度 v で飛んできて弾性衝突して跳ね返った．運動量の変化 (大きさと方向) を求めよ．

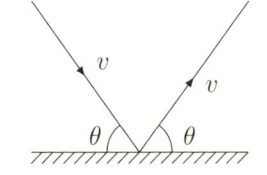

5.5 ロケットの運動

質量が変化する物体の運動の例としてロケットの運動を調べよう．ロケットは，燃料を燃焼して発生するガスを噴射し，その反作用として生じる推進力によって飛行する．燃料の噴射とともにロケットの全質量は減少していく．このように系に含まれる質量が時間的に変化する場合には，微小時間の間に関与するすべての質量を考慮して，力学法則を適用する．

簡単のためにロケットは一直線上を運動するものと考える．噴射される燃焼ガスの，ロケットに対する相対速度を V_0 とする．さて時刻 t におけるロケットの全質量を m, 速度を v とする．微小時間 Δt の間に，質量が Δm, 速度が Δv だけ増加したとしよう．実際にはロケットの質量は減少するのであるから $\Delta m < 0$ である．[2] 時刻 $t + \Delta t$ にはロケットの質量は $m + \Delta m$, 速度は $v + \Delta v$ である．またこの間に噴射された燃料の質量は $-\Delta m$, その速度は $v - V_0$ であ

---

[2] このように符号を約束しておけば $\Delta t \to 0$ のとき $\Delta m / \Delta t$ は微分係数 $\mathrm{d}m/\mathrm{d}t$ に一致する．

5.5 ロケットの運動

|時刻 t | 時刻 $t+\Delta t$ |

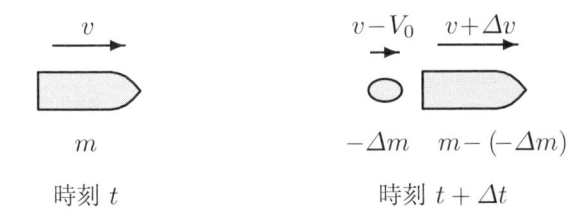

図 5.11 ロケットの運動

る．それゆえ Δt の間における運動量の変化 ΔP は

$$\Delta P = [(m+\Delta m)(v+\Delta v) + (-\Delta m)(v-V_0)] - mv$$
$$\cong m\,\Delta v + V_0\,\Delta m \tag{5.52}$$

である．ただし 2 次の微小量 $\Delta m\,\Delta v$ を含む項は省略した．噴射された質量 $-\Delta m$ の燃料がもつ運動量も，時刻 t における系に含まれていたから考慮しなければならないことに注意しよう．ロケットに作用する外力の速度方向の成分を F とする．運動量の変化はその間の外力の力積に等しいという力学法則を適用して，次の式を得る．

$$m\,\Delta v + V_0\,\Delta m = F\,\Delta t \tag{5.53}$$

両辺を Δt で割って $\Delta t \to 0$ の極限をとると，ロケットの運動を記述する次の方程式を得る．

$$m\frac{dv}{dt} + V_0\frac{dm}{dt} = F \tag{5.54}$$

例として鉛直上方に発射されたロケットの運動を調べよう．燃料を含めたロケットの最初の質量を m_0，燃料を除いたロケット本体の質量を m_1，単位時間当たりに噴射する燃料の質量を一定 c として，全燃料を消費するまでの速度と飛行距離を求めよう．簡単のために重力加速度は一定 g とする．運動方程式 (5.54) において $dm/dt = -c$ および $F = -mg$ を代入して次式を得る．

$$m\frac{dv}{dt} = cV_0 - mg \tag{5.55}$$

ロケットが離陸するためには $cV_0 > m_0 g$ でなければならない．cV_0 は**ロケットの推進力**である．さて両辺を m で割り，$m(t) = m_0 - ct$ であることに注意

すると次式を得る.
$$\frac{dv}{dt} = \frac{cV_0}{m_0 - ct} - g \tag{5.56}$$
時間積分を実行して, $t=0$ で $v=0$ となるように積分定数を決めると
$$v(t) = V_0 \log \frac{m_0}{m_0 - ct} - gt \tag{5.57}$$
を得る. もう一度時間積分して, $t=0$ で $x=0$ となるように積分定数を決めれば飛行距離すなわち高度 x を得る.[3]
$$x(t) = \frac{V_0}{c} \left\{ ct - (m_0 - ct) \log \frac{m_0}{m_0 - ct} \right\} - \frac{1}{2} gt^2 \tag{5.58}$$
これらの式が適用できるのは燃料を使い果たすまでである. 燃料の全質量は $m_0 - m_1$ であるから, 燃料を使い切るまでの時間は $t_1 = (m_0 - m_1)/c$ である. $t = t_1$ における速度 v_1 と高度 x_1 はそれぞれ次式で与えられる.
$$v_1 = V_0 \log \frac{m_0}{m_1} - gt_1 \tag{5.59}$$
$$x_1 = \frac{V_0}{c} \left(m_0 - m_1 - m_1 \log \frac{m_0}{m_1} \right) - \frac{1}{2} gt_1^2 \tag{5.60}$$

1969 年のアポロ計画の月ロケットの打ち上げに使われたサターン 5 型ロケットは 3 段ロケットであるが, その第 1 段目 (ブースターロケット) について次のデータが公表されている.
$$m_0 = 2940 \,\text{t}, \quad m_1 = 790 \,\text{t}, \quad c = 13.3 \,\text{t/s}, \quad V_0 = 2.8 \,\text{km/s}$$
これらのデータから推進力は $cV_0 = 3.72 \times 10^7 \,\text{N} \cong 3800 \,\text{t重}$ と計算される.[4] もちろん $cV_0 > m_0 g$ は満たされている. 1 段目の燃料は $m_0 - m_1 = 2150 \,\text{t}$ にもなるが, これをわずか $t_1 = 162 \,\text{s}$ で使い果たしてしまう. そのときの速度は $v_1 = 2.1 \,\text{km/s}$, 高度は $x_1 = 105 \,\text{km}$ と計算される. この程度の高度では g を一定とした近似は問題ない. なお以上の計算ではいつまでも鉛直上方に飛行すると仮定したが, 実際には次第に水平方向に向きを変えて, 1 段目の燃料を使い果たしたときの高度は $67 \,\text{km}$ であった. 高度の上昇にともなう位置エネルギーの増加分を運動エネルギーにまわすので, 速度は $2.75 \,\text{km/s}$ に達していた.

---

[3] 不定積分 $\int \log x \, dx = x \log x - x$ を使う. いうまでもなく log は自然対数である.
[4] $1 \,\text{t} (\text{トン}) = 1000 \,\text{kg}$ および $1 \,\text{t重} = 1000 \,\text{kgw}$ である.

5.5 ロケットの運動

重力などの外力を考えなければ,燃料を含めた全質量 m_0 のロケットが質量 $m(t)$ になったときの速度は

$$v(t) = V_0 \log \frac{m_0}{m(t)} \tag{5.61}$$

と表される.燃料を含めた全質量 m_0 と燃料を除いた本体の質量 m_1 との比 m_0/m_1 をロケットの**質量比**と呼ぶ.質量比を μ とすればロケットの到達最高速度は次式で表される.

$$v_{\max} = V_0 \log \mu \tag{5.62}$$

ロケットの到達速度は噴射ガスの速度 V_0 に比例し,**質量比** μ の対数に比例することに注目しよう.噴射ガスの速度は,高性能な液体水素と液体酸素を燃料として使うと $V_0 \cong 4.5 \,\mathrm{km/s}$ が得られる.一方,質量比は大きくとっても 10 程度が限界である (上述の例では第一段のこともあって $\mu = 3.7$ である).仮に $V_0 \cong 4.5 \,\mathrm{km/s}$, $\mu = 6$ とすると到達速度 $8.0 \,\mathrm{km/s}$ を得る.しかし人工衛星などの荷物を積んでいれば質量比は小さくなるし,重力の影響も考慮すると,人工衛星となるのに必要な第 1 宇宙速度 ($7.9 \,\mathrm{km/s}$) まで加速することは難しいだろう.この困難を解決するのが多段式ロケットがである.仮に各段のロケットの質量比が同じであるとすれば,3 段ロケットの到達速度は,重力を考えなければ

$$v_{\max} = 3V_0 \log \mu \tag{5.63}$$

となる.これを 1 段で得ようとすると質量比は μ^3 なければならないことになり,非現実的である.

なお地球の自転を考えると,赤道上の物体は $464 \,\mathrm{m/s}$ の速度をもつから,東方に発射してこれを初速度として利用すれば,この速度まで加速する燃料の節約ができる.緯度が高くなると自転による速度は $\cos\theta$ (θ は緯度) に比例して小さくなる.ロケットの発射地点が低緯度に多いのはこのためである.[5]

[参考] **H-II ロケット**

質量 2t の静止衛星を打ち上げることを目指して日本が独自に開発した H-II ロケットのデータを次に掲げておく.2 本の固体ロケットと 2 段の液体ロケットから構成され,

---

[5] 日本のロケット発射基地は北緯 30° の種子島にある.この地点の地球の自転による速度は $402 \,\mathrm{m/s}$ である.

打ち上げ時の総質量は 258 t である.

まず固体ロケットと第1段液体ロケットを同時に点火する. 95秒後, 燃料を使い果たした固体ロケットを切り離し, 316秒後には第1段ロケットを切り離す. この時点で高度 145 km, 速度 5.7 km/s に達する. 引き続き第2段ロケットを点火し, 打ち上げから約 10 分後に第 1 宇宙速度 7.8 km/s に達して高度 220 km の円軌道にのる. この時点でいったん第2段ロケットを止め, 慣性飛行に入る.

打ち上げから 24 分後に赤道上に達すると再び第2段ロケットを点火し, 速度を 10.2 km/s にする. 静止衛星の本体と制御ロケットは近地点 (高度) 225 km, 遠地点 (高度) 36200 km の楕円軌道に入る. 遠地点が静止衛星の円軌道に接するこの楕円軌道を **静止トランスファー軌道** と呼んでいる. 第2段ロケットはすべての役割を果たし, 衛星と分離する. 切り離された第2段ロケットは半永久的に静止トランスファー軌道の付近を回ることになる.

衛星本体と制御ロケットが遠地点に達するときの速度は 1.6 km/s であるが, 制御ロケットを点火して, 速度を 3.1 km/s にまで上げれば静止衛星の円軌道に入る.

表 5.1 H-II ロケットのデータ

	固体ロケット	第1段ロケット	第2段ロケット
燃料の質量	118 t	85 t	13 t
各段の全質量	140.5 t	97 t	15.7 t
燃料の噴射速度	2.66 km/s	4.40 km/s	4.40 km/s
燃料の燃焼時間	95 秒	315.8 秒	535 秒
推進力	320 t重	93 t重	10.5 t重

五代富文著 "日本の飛翔" (丸善) より
固体ロケットの質量は 2 本あわせた値.
推進力が計算値よりやや小さいのは摩擦などの損失による.

5.6 質点系の角運動量

質点系の角運動量について考察しよう. 質点の角運動量の時間変化を記述する式 (3.4) を適用すると, 質点系の i 番目の質点の角運動量

$$L_i = m_i r_i \times v_i \tag{5.64}$$

の時間変化率は, i 番目の質点に作用する力 (の総和) のモーメントに等しい. 力を内力 F_{ji} と外力 F_i に分けて表すと, 各質点の角運動量の時間変化は次の

5.6 質点系の角運動量

式によって記述される．

$$\begin{aligned}
\frac{d\boldsymbol{L}_1}{dt} &= \boldsymbol{r}_1 \times (\boldsymbol{F}_1 \quad\quad +\boldsymbol{F}_{21} +\boldsymbol{F}_{31} +\cdots) \\
\frac{d\boldsymbol{L}_2}{dt} &= \boldsymbol{r}_2 \times (\boldsymbol{F}_2 +\boldsymbol{F}_{12} \quad\quad +\boldsymbol{F}_{32} +\cdots) \\
\frac{d\boldsymbol{L}_3}{dt} &= \boldsymbol{r}_3 \times (\boldsymbol{F}_3 +\boldsymbol{F}_{13} +\boldsymbol{F}_{23} \quad\quad +\cdots) \\
&\vdots
\end{aligned} \quad\quad (5.65)$$

これらの運動方程式を辺々加え合わせてみよう．左辺は **質点系の全角運動量**

$$\boldsymbol{L} = \sum_i \boldsymbol{L}_i = \sum_i m_i \boldsymbol{r}_i \times \boldsymbol{v}_i \quad\quad (5.66)$$

の時間変化率を与える．右辺の和に含まれる内力のモーメントに関しては，運動の第3法則 (作用反作用の法則)

$$\boldsymbol{F}_{ij} + \boldsymbol{F}_{ji} = 0 \quad\quad (5.67)$$

に注意すると，対応する2つの和について次の関係が得られる．

$$\boldsymbol{r}_i \times \boldsymbol{F}_{ji} + \boldsymbol{r}_j \times \boldsymbol{F}_{ij} = (\boldsymbol{r}_i - \boldsymbol{r}_j) \times \boldsymbol{F}_{ji} \quad\quad (5.68)$$

ここで，j が i に及ぼす内力 $\boldsymbol{F}_{ji}$ がベクトル $\boldsymbol{r}_i - \boldsymbol{r}_j$ と平行であると仮定すれば $(\boldsymbol{r}_i - \boldsymbol{r}_j) \times \boldsymbol{F}_{ji} = 0$ である (図5.12参照)．[6] この場合には左辺の内力のモー

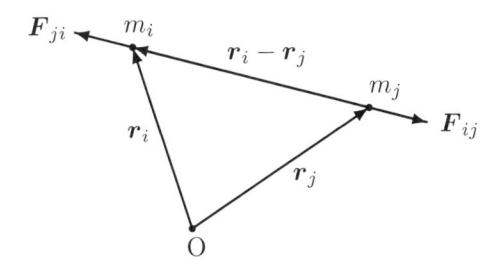

図5.12 内力のモーメントの和 (図は反発力の場合)

---

[6] 1.3節で指摘したように磁気的な相互作用においては $\boldsymbol{F}_{ji}$ はつねに $\boldsymbol{r}_i - \boldsymbol{r}_j$ に平行 (または反平行) であるとは限らないが，その場合でも以下の結論は正しい．内力の総和が0となることは空間の一様性 (空間内のすべての位置が同等であること) に，内力のモーメントの総和が0になることは空間の等方性 (空間内のすべての向きが同等であること) に由来しているからである．

メントの総和は 0 となり，結局，質点系の全角運動量の時間変化の式

$$\frac{d\boldsymbol{L}}{dt} = \sum_i \boldsymbol{r}_i \times \boldsymbol{F}_i = \sum_i \boldsymbol{N}_i \tag{5.69}$$

を得る．すなわち，質点系の全角運動量の時間変化率は外力のモーメントの総和に等しい．特に，質点系に作用する外力のモーメントが 0 である場合には全角運動量は一定に保たれる．これを **角運動量保存則** と呼ぶ．

[問 6] 月による潮汐によって地球の自転の角運動量は減少している．地球と月を含む全体の角運動量は保存するはずであることを考えると，月の運動に関してどのようなことが言えるか．

質点系の質量中心のまわりの角運動量

質点系の質量中心の位置ベクトルと速度を $\boldsymbol{R}, \boldsymbol{V}$ としよう．質量中心に対する i 番目の質点の相対的な位置ベクトルを $\boldsymbol{r}'_i$，質量中心に相対的な速度を $\boldsymbol{v}'_i$ とする．慣性系における位置ベクトル $\boldsymbol{r}_i$ と速度 $\boldsymbol{v}_i$ とは次の関係にある．

$$\boldsymbol{r}_i = \boldsymbol{R} + \boldsymbol{r}'_i \tag{5.70}$$

$$\boldsymbol{v}_i = \boldsymbol{V} + \boldsymbol{v}'_i \tag{5.71}$$

これらを質点系の全角運動量 $\boldsymbol{L}$ の式 (5.66) に代入すると

$$\begin{aligned}\boldsymbol{L} &= \sum_i m_i (\boldsymbol{R} + \boldsymbol{r}'_i) \times (\boldsymbol{V} + \boldsymbol{v}'_i) \\ &= \sum_i m_i \boldsymbol{R} \times \boldsymbol{V} + \sum_i m_i \boldsymbol{r}'_i \times \boldsymbol{V} + \boldsymbol{R} \times \sum_i m_i \boldsymbol{v}'_i + \sum_i m_i \boldsymbol{r}'_i \times \boldsymbol{v}'_i\end{aligned} \tag{5.72}$$

となる．ここで $\sum m_i = M$, $\sum m_i \boldsymbol{r}'_i = 0$ (式 (5.15)) および $\sum m_i \boldsymbol{v}'_i = 0$ (式 (5.16)) を使うと，次の関係式を得る．

$$\boldsymbol{L} = M\boldsymbol{R} \times \boldsymbol{V} + \boldsymbol{L}' \tag{5.73}$$

$$\boldsymbol{L}' = \sum_i m_i \boldsymbol{r}'_i \times \boldsymbol{v}'_i \tag{5.74}$$

式 (5.73) の右辺の $M\boldsymbol{R} \times \boldsymbol{V}$ は，質点系の全質量 M が質量中心に集中した 1 つの質点の角運動量であり，$\boldsymbol{L}'$ は質量中心に関する相対的な角運動量である．

5.6 質点系の角運動量

さて式 (5.73) を時間で微分すると

$$\frac{\mathrm{d}\boldsymbol{L}}{\mathrm{d}t} = M\frac{\mathrm{d}\boldsymbol{R}}{\mathrm{d}t} \times \boldsymbol{V} + M\boldsymbol{R} \times \frac{\mathrm{d}\boldsymbol{V}}{\mathrm{d}t} + \frac{\mathrm{d}\boldsymbol{L}'}{\mathrm{d}t} \tag{5.75}$$

ここで $(\mathrm{d}\boldsymbol{R}/\mathrm{d}t) \times \boldsymbol{V} = \boldsymbol{V} \times \boldsymbol{V} = 0$ および質量中心の運動方程式 $M(\mathrm{d}\boldsymbol{V}/\mathrm{d}t) = \sum \boldsymbol{F}_i$ に注意すると

$$\frac{\mathrm{d}\boldsymbol{L}}{\mathrm{d}t} = \boldsymbol{R} \times \sum_i \boldsymbol{F}_i + \frac{\mathrm{d}\boldsymbol{L}'}{\mathrm{d}t} \tag{5.76}$$

を得る．一方，式 (5.69) に (5.70) の関係を代入すると

$$\frac{\mathrm{d}\boldsymbol{L}}{\mathrm{d}t} = \sum_i (\boldsymbol{R} + \boldsymbol{r}'_i) \times \boldsymbol{F}_i = \boldsymbol{R} \times \sum_i \boldsymbol{F}_i + \sum_i \boldsymbol{r}'_i \times \boldsymbol{F}_i \tag{5.77}$$

を得る．2つの式 (5.76), (5.77) を比べると次の結果を得る．

$$\frac{\mathrm{d}\boldsymbol{L}'}{\mathrm{d}t} = \sum_i \boldsymbol{r}'_i \times \boldsymbol{F}_i \tag{5.78}$$

この式によれば，**質量中心に関する質点系の角運動量の時間変化は質量中心に関する外力のモーメントの和に等しい**．この関係式は質量中心の運動に関係なく成り立つことに注目されたい．質量中心とともに移動する座標系が慣性系である場合には，このことは改めて導く必要のない自明な結果であるが，質量中心が加速度運動している場合にも成り立つのである．この関係式は次章で，剛体の回転運動を記述する運動方程式として使用する．

演習問題

質点系

1. 質量 $m_1 = 4\,\text{kg}$, $m_2 = 1\,\text{kg}$, $m_3 = 2\,\text{kg}$ の 3 つの質点がお互いに相互作用しながら平面内で運動している．外力は作用してない．ある時刻における質点の位置と速度は次の通りである．

    質点の位置座標 (単位 m)：質点 m_1 $(-0.8, -1.1)$，質点 m_2 $(0.4, -1.4)$，質点 m_3 $(1.4, 0.8)$．質点の速度 (次図を参照のこと) (単位 m/s)：$v_1 = 2$, $v_2 = 3.8$, $v_{3x} = -6.8$, $v_{3y} = -4$.

    (a) 質量中心の速度 (ベクトル) を求めよ．
    (b) 質量中心の軌跡の式を求めよ．
    (c) 質量中心に対する相対運動の運動エネルギーの総和を求めよ．

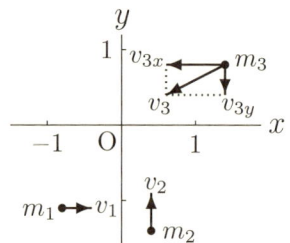

2. x 軸のマイナス側の十分遠方で正方向への速度 v_0 をもつ質量 m_1 の質点と，原点に静止している質量 m_2 の質点がある．2 つの質点の間には相互間の距離 r の 2 乗に反比例する反発力 k/r^2 が作用する．

    (a) 各質点の位置を $x_1(t)$, $x_2(t)$ として運動方程式を書け．
    (b) 2 つの質点の質量中心の速度 V を求めよ．
    (c) 2 つの質点間の距離 $r = x_2 - x_1$ の満たす方程式を導け．
    (d) 質点間の距離が r のときの相対速度 $\dfrac{dr}{dt}$ を求めよ．
    (e) 2 つの質点が最も接近したときの距離 $r_{\min}$ を求めよ．
    (f) 十分に時間が経った後の各質点の速度 v_1, v_2 を求めよ．

バネでつながれた質点系

3. 自然の長さ l，バネ定数 k の軽いバネの両端に質量 m の質点をつなぎ，一方の質点を手で持ち，他方の質点を鉛直線上の釣り合いの位置に静止させた．手を静かに放した後の運動を次の手順で求めよ．

    (a) 各質点の運動方程式を書け．鉛直下方に x 軸をとり，各質点の位置座標を x_1, x_2 $(x_2 > x_1)$ とする．

(b) 質量中心の位置を X, バネの伸びを Y として, X と Y の方程式に書き換え, 初期条件を考慮して $X(t), Y(t)$ を求めよ.

(c) $x_1(t), x_2(t)$ を求めよ.

衝突

4. 一様な速度 v で水平に動いているベルトコンベアの上に単位時間当たり質量 m の砂が落ちて運ばれている. 簡単のために無荷重のときにベルトコンベアを動かす力は (したがって仕事も) 無視できるとする.

(a) 一定速度で動かすために必要な力を求めよ.

(b) ベルトを動かすのに必要な仕事率を求めよ.

(c) 単位時間の間にベルトに載った砂が得る運動エネルギーをもとめよ.

(d) (b) と (c) の結果が等しくない理由を述べよ.

5. ある交差点で, 北へ向かって走っていた質量 $10000\,\mathrm{kg}$ のトラックと東へ向かって走っていた質量 $2000\,\mathrm{kg}$ の乗用車が衝突して, 両車両は一体となって北北東の方向へ横滑りした. トラックは速さ $36\,\mathrm{km/h}$ で交差点に入ったという.

(a) 乗用車はどれほどのスピードで交差点に入ったか.

(b) はじめの全運動エネルギーのうち, 破壊に使われたエネルギーはどれほどか.

6. 静止している質量 $2m$ の物体に, 質量 m の物体が速度 v_0 で衝突した. 衝突後, 質量 m の物体は衝突前の運動方向と $\theta_1 = 60°$ をなす方向に速度 $v_0/2$ で運動していた.

(a) 質量 $2m$ の物体の衝突後の速度 v_2' と運動方向 θ_2 を求めよ.

(b) この衝突は弾性衝突か, 非弾性衝突か. もし非弾性衝突ならば $\theta_1 = 60°$ の方向に跳ね返される質量 m の物体の速度 v_1' がどのような値をとれば弾性衝突となるか.

質量の変化する運動

7. 無重力空間でロケットが等加速度 a で飛行するように燃料を消費するとき，ロケットの質量の時間変化 $m(t)$ を求めよ．ただし燃料の噴射速度 V_0，はじめの質量 m_0 とする．ロケットは直線的に運動する．

8. 無重力空間で，噴射した燃料ガスの速さが慣性系から見て一定となるように燃料を消費するロケットがある．ロケットは直線的に飛行する．

   (a) ロケットの質量を $m(t)$，速さを $v(t)$，燃焼ガスの速さ (ロケットとは逆向き) を u_0，ロケットのはじめの質量を m_0 とするとき，運動量保存則から $mv - (m_0 - m)u_0 = 0$ が成り立つことを示せ．

   (b) ロケットが静止から一定の加速度 a で運動するとき $m(t)$ を求めよ．

9. 飽和水蒸気中を落下する水滴の速さ v と質量 m は次の式にしたがって変化することを示せ．
$$m\frac{dv}{dt} + \frac{dm}{dt}v = mg \quad \text{すなわち} \quad \frac{d(mv)}{dt} = mg$$
水滴の質量の増加率が断面積に比例するならばその時間変化は $dm/dt = km^{2/3}$ と表される (k は比例定数, 質量 m は体積に比例, 体積は断面積の 3/2 乗に比例することに注意)．$t = 0$ で $m = 0$ として $m(t)$ と $v(t)$ を求めよ．

10. 水を噴出して飛ぶおもちゃのロケットがある．質量 $m_1 = 500\,\mathrm{g}$ のロケット本体には最大 $m_2 = 500\,\mathrm{g}$ の水が入る．水は圧力 p の圧縮空気によって面積 $S = 5\,\mathrm{mm}^2$ の噴出口から速度 $u = \sqrt{\dfrac{2p}{\rho}}$ で噴出する．ただし ρ は水の密度である．以下では圧縮空気の圧力は一定と見なし，その質量は無視できるものとする．また水が噴出するときの摩擦抵抗は考えない．

   (a) このロケットの推進力が $2pS$ に等しいことを説明せよ．

   (b) はじめロケットの全重力 $(m_1 + m_2)g$ と推進力が釣り合うという．圧縮空気の圧力 p はどれほどか．

   (c) 前問の推進力をもつロケットが鉛直上方へ発射された．水を全部噴出し終えたときのロケットの速度 $v_{\max}$ と高度 h を計算せよ．

6

剛体の運動

　力が加わっても形を変えない物体を **剛体** と呼ぶ．剛体は，相互間の位置関係が不変に保たれるように内力を及ぼし合っている質点系と見なすことができ，質点系に対して導いた関係式はそのまま成り立つ．ここでは剛体に特有な回転運動を中心に，剛体の運動を調べよう．

6.1　剛体の運動方程式

　剛体のもっとも単純な運動は並進運動と回転運動である．**並進運動** とは剛体のすべての点が同じ速度ベクトルをもつ運動であり，**回転運動** とはすべての点が同じ角速度ベクトルをもつ運動である．一般的な剛体の運動は並進と回転の組み合わせである．1つの平面内で運動する剛体を例にとってこのことを説明しよう．

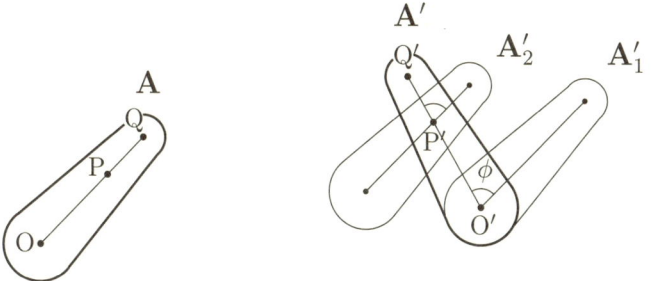

図 6.1　剛体の運動は並進運動と回転運動からなる

　図 6.1 のように剛体が位置 A から位置 A′ へ移動したとする．この移動は，A から A_1' への平行移動 $\overrightarrow{OO'}$ と，O′ 点のまわりの角度 ϕ の回転から得ることができる．A から A_2' への平行移動 $\overrightarrow{PP'}$ と P′ 点のまわりの角度 ϕ の回転によって

も同じ結果を得る．このように剛体の運動は任意の基準点の並進運動と，その点のまわりの回転運動に分けることができる．回転の角度は基準点の選び方に関係しないが，並進運動の移動距離は基準点の選び方に依存する．剛体が固定軸のまわりに回転するような場合を除いて，この基準点には質量中心(重心)が選ばれる．質量中心を基準点に選べば，剛体の運動エネルギーは並進運動(質量中心の運動)の運動エネルギーと回転運動(質量中心に対する相対運動)の運動エネルギーの和として表せるので，並進運動と回転運動を独立に扱うことができるからである．並進運動と回転運動はそれぞれ自由度3をもつので，剛体の運動の自由度は6である．したがって剛体の運動は質点系において導いた運動量の式と角運動量の式

$$\frac{d\boldsymbol{P}}{dt} = \sum_i \boldsymbol{F}_i, \quad \boldsymbol{P} = M\frac{d^2\boldsymbol{R}}{dt^2} \tag{6.1}$$

$$\frac{d\boldsymbol{L}'}{dt} = \sum_i \boldsymbol{N}'_i, \quad \boldsymbol{N}'_i = \boldsymbol{r}'_i \times \boldsymbol{F}_i \tag{6.2}$$

によって完全に記述されることがわかる．ここで M は剛体の質量，$\boldsymbol{R}$ は剛体の質量中心(重心)の位置ベクトル，$\boldsymbol{P}$ は剛体の運動量，$\boldsymbol{L}'$ は剛体の重心のまわりの角運動量，$\boldsymbol{F}_i$ は剛体に作用する力(外力)，$\boldsymbol{N}'_i = \boldsymbol{r}_i \times \boldsymbol{F}_i$ は重心のまわりの外力のモーメントである．**運動量の式は剛体の重心の並進運動を，角運動量の式は剛体の重心のまわりの回転運動を記述する．** 式 (6.2) は，固定点(座標原点)のまわりの角運動量と力のモーメントの関係式

$$\frac{d\boldsymbol{L}}{dt} = \sum_i \boldsymbol{N}_i, \quad \boldsymbol{N}_i = \boldsymbol{r}_i \times \boldsymbol{F}_i \tag{6.3}$$

に置き換えてもよい．特に，剛体が固定軸のまわりに回転している場合には，固定軸上の定点に関する角運動量の式 (6.3) だけで運動は決定される．

角運動量の時間変化の式 (6.3) の両辺を時刻 t_1 から t_2 まで積分してみよう．剛体が受ける外力のモーメントを $\boldsymbol{N}$ と表すと次式を得る．

$$\boldsymbol{L}_2 - \boldsymbol{L}_1 = \int_{t_1}^{t_2} \boldsymbol{N}\,dt \tag{6.4}$$

$\boldsymbol{L}_1, \boldsymbol{L}_2$ はそれぞれ t_1, t_2 における角運動量である．右辺のベクトル量を時刻 t_1 と t_2 の間の**角力積**と呼ぶ．この式は，角運動量の増加はその間の角力積に

等しいことを述べている．時間間隔が十分に短くて，その間の外力の作用点の変化が無視できる場合には，角力積は力積のモーメントで近似できる．すなわち

$$L_2 - L_1 \cong r \times \int_{t_1}^{t_2} F \, dt \tag{6.5}$$

である．この式は短時間に作用する大きな力 (撃力) F を受ける剛体の回転運動を調べるときに便利である．

6.2 剛体に作用する力

剛体に多くの力 F_i が作用しているとしよう ($i = 1, 2, \cdots$)．それぞれの力の作用点を r_i とする．運動方程式 (6.1)，および角運動量についての式 (6.2) または (6.3) からわかるように，剛体の運動は剛体に作用する力の総和と力のモーメントの総和のみで決定される．

そこで，力の総和に等しい1つの力 (合力) F を考えよう．

$$F = \sum_i F_i \tag{6.6}$$

剛体は大きさをもっているので力がどこに作用するかで運動は異なってくる．もしこの力の作用点 r が

$$r \times F = \sum_i r_i \times F_i \tag{6.7}$$

を満足するならば，力 F による剛体の運動は多くの力 F_i が作用している場合とまったく同じである．すなわち剛体に作用する多くの力は1つの力で置き換えることができる (ただし以下で述べる重要な例外がある)．

剛体の各部分に作用する重力の合成はとくに重要である．剛体を微小部分に分けて，その i 番目の質量を m_i とする．鉛直上方を z 軸ととると，i 番目微小部分に作用する重力は

$$F_{xi} = 0, \quad F_{yi} = 0, \quad F_{zi} = -m_i g \tag{6.8}$$

である．合力は各部分に作用する力の総和に等しいから

$$F_x = 0, \quad F_y = 0, \quad F_z = -Mg \tag{6.9}$$

である．ここで $M = \sum m_i$ は剛体の質量である．力の作用点 r を求めるには，式 (6.7) の両辺のベクトル積の x, y 成分を定義にしたがって計算すればよい．

$$\left.\begin{array}{r}yF_z = \sum_i y_i F_{zi} = -\sum_i y_i m_i g \\ -xF_z = -\sum_i x_i F_{zi} = \sum_i x_i m_i g\end{array}\right\} \quad (6.10)$$

$F_z = -Mg$ を代入すれば，次の結果を得る．

$$x = \frac{\sum m_i x_i}{M}, \qquad y = \frac{\sum m_i y_i}{M} \qquad (6.11)$$

これは剛体の質量中心の x, y 座標にほかならない．合力の作用点の z 座標は任意なので，質量中心を通る鉛直線上のどこに作用させてもよい．しかし剛体が回転することを考えると，つねに力の作用線が通る点は質量中心である．すなわち剛体の各部に作用する重力は質量中心に作用する大きさ Mg の 1 つの力に等価である．このゆえに剛体の質量中心を **重心** (center of gravity) と呼ぶ．

ところで剛体に作用する力の総和が 0 であるが，力のモーメントの総和が 0 でない場合がある．この場合には，1 つの力で置き換えることはできない．たとえば図のように大きさが等しく逆方向の 2 つの力を考えてみよう．力の和 $\boldsymbol{F} = \boldsymbol{F}_1 + \boldsymbol{F}_2$ は 0 であるが，力のモーメントの和は

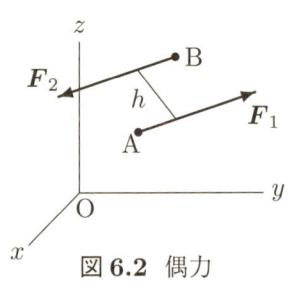

図 6.2 偶力

$$\boldsymbol{N} = \overrightarrow{\mathrm{OA}} \times \boldsymbol{F}_1 + \overrightarrow{\mathrm{OB}} \times \boldsymbol{F}_2 = (\overrightarrow{\mathrm{OA}} - \overrightarrow{\mathrm{OB}}) \times \boldsymbol{F}_1 = \overrightarrow{\mathrm{BA}} \times \boldsymbol{F}_1 \qquad (6.12)$$

となり，0 ではない．力の作用線の間の距離を h とすると $\boldsymbol{N}$ の大きさは $N = F_1 h$ である．このような関係にある力を **偶力** (couple) と呼び，h を **偶力の腕の長さ**，$F_1 h$ を **偶力のモーメント** という．

剛体の重心の計算

剛体の重心を実際に計算するには式 (6.11) の和は $m_i \to \mathrm{d}m = \rho \,\mathrm{d}V$ とし

て積分に置き換えなければならない (ρ は密度, dV は微小体積要素). たとえば

$$\sum_i m_i x_i \to \int x \rho \, dV \tag{6.13}$$

である.体積積分は物体の占める空間領域にわたって行う.

例として,底面の半径 a,高さ h,密度 ρ の一様な直円錐の重心の位置を求めよう.対称性から考えて重心の位置は円錐の軸上にある.そこで図 6.3 のように,円錐の軸を z 軸にとり,頂点の位置を $z=0$,底面を $z=h$ とする. z における厚さ dz の薄い円板を考えよう.この円板の質量 $dm = \rho \pi (az/h)^2 \, dz$ を積分すれば円錐の質量 M が求まる.

$$M = \rho \int_0^h \pi \left(\frac{az}{h}\right)^2 dz = \frac{1}{3}\pi a^2 h \rho \tag{6.14}$$

重心の z 座標 z_G は質量の重みをつけた z の平均である.

$$z_G = \frac{1}{M}\rho \int_0^h \pi \left(\frac{az}{h}\right)^2 z\, dz = \frac{3}{4}h \tag{6.15}$$

すなわち底面から $h/4$ の高さの軸上の点である.

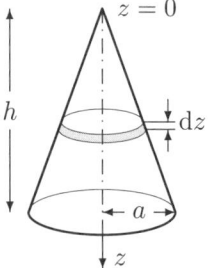

図 6.3 円錐の重心

6.3 剛体の釣り合い

剛体に作用しているいくつかの力が釣り合って静止している場合には,剛体の運動量も角運動量も 0 であるから,

$$\sum_i \boldsymbol{F}_i = 0 \tag{6.16}$$

$$\sum_i \boldsymbol{N}_i = \sum_i \boldsymbol{r}_i \times \boldsymbol{F}_i = 0 \tag{6.17}$$

でなければならない.なおこれらの式 (6.16), (6.17) が成り立つとき,任意の点のまわりの力のモーメントの和も 0 である.点 $\boldsymbol{r}_0$ のまわりの力のモーメントを考えよう.

$$\sum_i (\boldsymbol{r}_i - \boldsymbol{r}_0) \times \boldsymbol{F}_i = \sum_i \boldsymbol{r}_i \times \boldsymbol{F}_i - \boldsymbol{r}_0 \times \sum_i \boldsymbol{F}_i \tag{6.18}$$

右辺は式 (6.16), (6.17) が成り立つので 0 である.したがって,力のモーメントの釣り合いの式は,計算に都合のよい点のまわりで考えればよい.

例として図 6.4 のように，棒 (またははしご) を鉛直な壁に立てかけるとき，棒と床のなす角はどのくらいまで小さくしてよいか調べよう．棒と床面，棒と壁面の静摩擦係数はそれぞれ μ_1, μ_2 とする．棒の長さを l, 床となす角度を θ, 棒が床および壁から受ける垂直抗力と摩擦力をそれぞれ R_1, F_1 および R_2, F_2 とする．まず水平方向と鉛直方向の力の釣り合いから

$$R_2 - F_1 = 0, \qquad R_1 + F_2 - Mg = 0 \tag{6.19}$$

である．次に O 点のまわりの力のモーメントの釣り合いの式を書こう．作用しているすべての力のモーメントの方向は紙面に垂直であるから紙面上向き (反時計回りの回転を与える力のモーメント) を正にとって

$$lR_1 \cos\theta - lR_2 \sin\theta - \frac{l}{2}Mg \cos\theta = 0 \tag{6.20}$$

となる．なお摩擦力は次の不等式を満たす範囲になければならない．

$$0 \leqq F_1 \leqq \mu_1 R_1, \qquad 0 \leqq F_2 \leqq \mu_2 R_2 \tag{6.21}$$

未知数は 4 つ (R_1, F_1, R_2, F_2 の 4 つ) あるが方程式は 3 つなのでこれだけからすべての力を決定することはできない．しかし棒が滑らないために角度 θ が満たすべき条件を求めることはできる．角度 θ を 90° に近い角度から小さくしていくと F_1 または F_2 のどちらかが先に最大静止摩擦力に達するだろう．仮に F_2 としよう．角度をさらに小さくするとき $F_2 = \mu_2 R_2$ の関係が保たれるが，$F_1 < \mu_1 R_1$ である限りは滑りは生じない．F_1 と F_2 の両方が最大静止摩擦力に達したところが滑りが生じる角度である．すなわち

$$F_1 = \mu_1 R_1, \qquad F_2 = \mu_2 R_2 \tag{6.22}$$

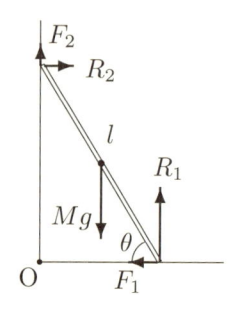

図 **6.4** 壁に立てかけた棒

この式と式 (6.19) から R_1, R_2 が求まる.
$$R_1 = \frac{Mg}{1+\mu_1\mu_2}, \qquad R_2 = \frac{\mu_1 Mg}{1+\mu_1\mu_2} \qquad (6.23)$$
この結果を式 (6.20) に代入すれば, 滑りが生じる角度 θ_c を求めることができる. θ_c は次の式を満足する.
$$\tan\theta_c = \frac{1-\mu_1\mu_2}{2\mu_1} \qquad (6.24)$$
棒を立てかけるためには $\theta > \theta_c$ でなければならなない. たとえば $\mu_1 = \mu_2 \cong 0.35$ とすると, $\theta_c \cong 51°$ となる. 摩擦係数 μ_2 は積 $\mu_1\mu_2$ の形でしか関与してないので大きな影響はもたないが, μ_1 は極めて重要である. 通常, はしごを立てるときは θ は余裕をもって大きくとるので, R_2 は小さく摩擦力 F_2 も小さいので $\mu_2 = 0$ を仮定して問題を扱うことが多い.[1]

[問 1] はしごの上端に, はしごと同じ質量の人が乗っている場合に, 滑り始める角度 θ_c を求めよ. $\mu_1 = \mu_2 = 0.35$ のとき何度となるか.

6.4 剛体の角運動量と運動エネルギー

剛体が回転しているとき, 角運動量は, 質点の運動における運動量の役割を果たす. 特に, 固定軸のまわりの剛体の回転運動は, 固定軸方向の角運動量の成分によって記述される. 回転している剛体の角運動量と運動エネルギーがどのように表されるか調べよう.

回転軸を z 軸に選び, 剛体はそのまわりを角速度を ω で回転しているとしよう. 剛体を微小部分にわけ, その i 番目の微小部分の質量を m_i とする. 回転軸上の座標原点 O のまわりの角運動量 $\boldsymbol{L}$ は次式で表される.
$$\boldsymbol{L} = \sum_i m_i \boldsymbol{r}_i \times \boldsymbol{v}_i \qquad (6.25)$$
この z 成分 L_z は, 位置ベクトル $\boldsymbol{r}_i$ と z 軸の正方向とのなす角度を θ_i とすると, 次の

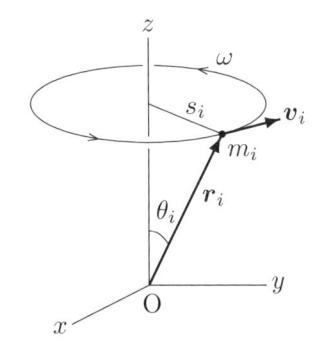

図 6.5 剛体の回転

---
[1] この場合には剛体の釣り合いの条件式 (6.16) および (6.17) から力を完全に決定することができる.

式で表される.

$$L_z = \sum_i m_i r_i v_i \sin\theta_i$$
$$= \sum_i m_i \omega s_i^2 \tag{6.26}$$

ただし $s_i = r_i \sin\theta_i$ は i 番目の微小部分の回転半径 (回転軸から微小部分までの距離) である．また $v_i = \omega s_i$ の関係を使った．式 (6.26) において

$$I = \sum_i m_i s_i^2 \tag{6.27}$$

は，剛体の形と質量分布と回転軸を与えれば運動とは関係なく決まる量で，**慣性モーメント**と呼ばれる．慣性モーメントを使うと L_z は

$$L_z = I\omega \tag{6.28}$$

と表される．

回転する剛体の運動エネルギーも慣性モーメントを使って表される．微小部分 (質量 m_i, 速度 $v_i = \omega s_i$) の運動エネルギー $m_i v_i^2/2$ の総和をとって，回転する剛体の運動エネルギー K は

$$K = \frac{1}{2}\sum_i m_i v_i^2 = \frac{1}{2}\sum_i m_i(\omega s_i)^2 = \frac{1}{2}I\omega^2 \tag{6.29}$$

と表される．この式は並進運動の運動エネルギー $MV^2/2$ と同じ形をしている．速度 V の代わりに角速度 ω が，質量 M の代わりに慣性モーメント I が入っている．回転運動においては慣性モーメントが並進運動の質量に相当する重要な役割を果たす．

6.5 慣性モーメントの計算

慣性モーメントは剛体の形と質量分布および回転軸を与えれば決定される．質量が連続的に分布している場合には密度を ρ とすると，式 (6.27) における微小部分の質量は $m_i \to \rho\, dV$ に，微小部分から回転軸までの距離は $s_i \to s$ に置き換えて積分を実行すればよい．

$$I = \sum_i m_i s_i^2 \;\to\; \int \rho(\boldsymbol{r})\, s^2(\boldsymbol{r})\, dV \tag{6.30}$$

積分は剛体の全体積について行う．剛体の質量分布が一様ならば密度は一定であるから次の積分となる．

$$I = \rho \int s^2(\boldsymbol{r})\,\mathrm{d}V \tag{6.31}$$

慣性モーメントは質量と長さの2乗の積の次元をもっている．剛体の質量を M, 慣性モーメントを I とするとき，式

$$I = ML^2 \tag{6.32}$$

によって定義される長さ L を **回転半径** という．

次の定理は慣性モーメントを計算する際に役に立つ．

[定理1 (平行軸の定理)]　剛体の重心を通る回転軸のまわりの慣性モーメントを I_0, この回転軸に平行で，距離 d 離れた別の回転軸のまわりの慣性モーメントを I とすると，両者の間には次の関係が成り立つ．

$$I = I_0 + Md^2 \tag{6.33}$$

剛体を微小部分に分けて考えよう．重心を通る回転軸を z 軸に選ぶと (図6.6参照), 微小部分から回転軸までの距離 s_i は $s_i = \sqrt{x_i^2 + y_i^2}$ であるから, z 軸のまわりの慣性モーメント I_0 は

$$I_0 = \sum_i m_i(x_i^2 + y_i^2) \tag{6.34}$$

と表される．回転軸が z 軸に平行で (x_0, y_0) を通る場合には，微小部分から回転軸までの距離は $s_i = \sqrt{(x_i - x_0)^2 + (y_i - y_0)^2}$ であるから，慣性モーメント I は次式で与えられ，関係式 (6.33) を得る．

$$\begin{aligned}
I &= \sum_i m_i \left\{(x_i - x_0)^2 + (y_i - y_0)^2\right\} \\
&= \sum_i m_i(x_i^2 + y_i^2) - 2\left(x_0 \sum_i m_i x_i + y_0 \sum_i m_i y_i\right) + (x_0^2 + y_0^2)\sum_i m_i \\
&= I_0 + Md^2
\end{aligned} \tag{6.35}$$

ただし重心が z 軸上にあることから $\sum m_i x_i = 0$, $\sum m_i y_i = 0$ が成り立つことを使った．なお $x_0^2 + y_0^2 = d^2$ および $\sum m_i = M$ である．

あるいは次のように運動エネルギーの考察から証明することもできる．(x_0, y_0) を通る回転軸のまわりに角速度 ω で回転しているときの運動エネルギーは $I\omega^2/2$ である．この運動エネルギーは，式 (5.17) によれば，重心運動のエネルギーと重心まわりの回転の運動エネルギーの和に等しい．

$$\frac{1}{2}I\omega^2 = \frac{1}{2}MV^2 + \frac{1}{2}I_0\omega^2 \tag{6.36}$$

最初に (6.1 節で) 述べたように，回転の角速度はどの点のまわりに考えても同じであることに注意しよう．重心の速さ $V = d\omega$ を代入して共通因子 $\omega^2/2$ を除けば，求める式 (6.33) を得る．

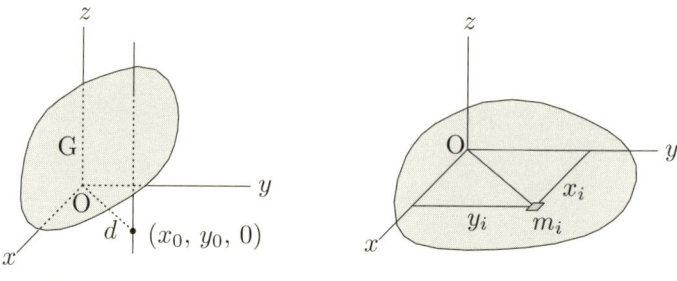

図 6.6 平行軸の定理　　　　　　**図 6.7** 平板の定理

[**定理 2 (平板の定理)**]　薄い板に垂直な軸 (z 軸) のまわりの慣性モーメントを I_z，板の面内にある 2 つの直交する軸 (x 軸，y 軸) のまわりの慣性モーメントを I_x, I_y とすると，次の関係がある．

$$I_z = I_x + I_y \tag{6.37}$$

上と同様に剛体を微小部分に分けて考える．平板上の (x_i, y_i) にある微小部分から x 軸，y 軸までの距離はそれぞれ y_i, x_i であるから (図 6.7 参照)，x 軸のまわりの慣性モーメント I_x と y 軸のまわりの慣性モーメント I_y はそれぞれ次の式で与えられる．

$$\left.\begin{array}{l} I_x = \sum_i m_i y_i^2 \\ I_y = \sum_i m_i x_i^2 \end{array}\right\} \tag{6.38}$$

一方，点 (x_i, y_i) から z 軸までの距離は $\sqrt{x_i^2 + y_i^2}$ であるから，z 軸のまわり

の慣性モーメントは次式で与えられ，関係式 (6.37) を得る．

$$I_z = \sum_i m_i(x_i^2 + y_i^2) = I_x + I_y \tag{6.39}$$

慣性モーメントの計算例

いくつかの簡単な剛体について，重心を通る回転軸のまわりの慣性モーメントを求めておこう．

(1) 長さ l，質量 M の一様な細い棒の中心を通り，棒に垂直な回転軸のまわりの慣性モーメント I_0

線密度を σ とすると $M = l\sigma$ である．図 6.8(1) のように，棒に沿って x 軸 (棒の中点を原点とする) をとって計算すると次のようになる．

$$I_0 = \sigma \int_{-l/2}^{l/2} x^2 \mathrm{d}x = \frac{1}{12}\sigma l^3 = \frac{1}{12}Ml^2 \tag{6.40}$$

(2) 縦横の長さ a, b，質量 M の一様な長方形の板の中心を通り，板に垂直な回転軸のまわりの慣性モーメント I_0

面密度を σ とすると $M = ab\sigma$ である．図 6.8(2) のように，長方形の辺に平行に x 軸，y 軸をとって計算する．

$$\begin{aligned}I_0 &= \sigma \int_{-a/2}^{a/2} \mathrm{d}x \int_{-b/2}^{b/2} (x^2 + y^2)\mathrm{d}y = \frac{1}{12}\sigma(ab^3 + a^3 b) \\ &= \frac{1}{12}M(a^2 + b^2)\end{aligned} \tag{6.41}$$

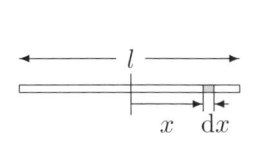

(1) 細い棒
  $\mathrm{d}m = \sigma \mathrm{d}x$

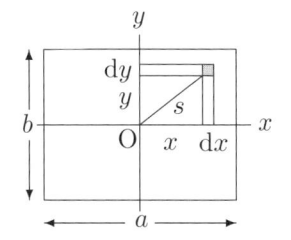

(2) 長方形の薄い板
  $\mathrm{d}m = \sigma \mathrm{d}x\mathrm{d}y$, $s = \sqrt{x^2 + y^2}$

図 **6.8** 慣性モーメントの計算 1

板に厚みがある場合，つまり直方体の場合にも慣性モーメントは厚さ（回転軸方向の長さ）に関係なく上の式で表されることは明かであろう．

(3) 半径 a，質量 M の一様な円板の中心を通り，板に垂直な回転軸のまわりの慣性モーメント I_0

面密度を σ とすると $M = \pi a^2 \sigma$ である．極座標を用いて計算すると

$$I_0 = \int_0^a dr \int_0^{2\pi} r^2 \sigma r\, d\phi = \frac{1}{2}\pi\sigma a^4 = \frac{1}{2}Ma^2 \tag{6.42}$$

と求まる（図 6.9(3) 参照）．一様な直円柱の回転軸のまわりの慣性モーメントも上式で与えられる．また定理 2 を使うと，薄い円板のひとつの直径のまわりの慣性モーメントは上式の 1/2 である．

(4) 半径 a，質量 M の一様な球の中心を通る軸（直径）のまわりの慣性モーメント I_0

球の密度を ρ とすると $M = \frac{4}{3}\pi a^3 \rho$ である．回転軸を z 軸とし，図 6.9(4) のように z 軸に垂直な薄い円板の重ね合わせと考える．中心から $z \sim z + dz$ の薄い円板の半径は $r = \sqrt{a^2 - z^2}$，質量は $\rho\pi r^2\, dz$ であるから，この薄い円板の慣性モーメント dI は円板の結果を使うと

$$dI = \frac{1}{2}(\rho\pi r^2 dz)\, r^2 = \frac{1}{2}\rho\pi(a^2 - z^2)^2\, dz \tag{6.43}$$

である．積分して次の結果を得る．

$$I_0 = \frac{1}{2}\rho\pi \int_{-a}^{a} (a^2 - z^2)^2\, dz = \frac{8}{15}\rho\pi a^5 = \frac{2}{5}Ma^2 \tag{6.44}$$

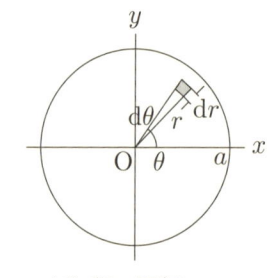

(3) 薄い円板
$dm = \sigma r\, dr\, d\theta$

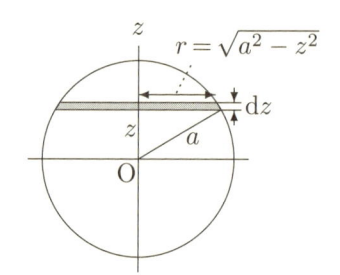

(4) 球
$dI = \frac{1}{2}(\rho\pi r^2 dz)\, r^2$

図 **6.9** 慣性モーメントの計算 2

6.6 固定軸のある剛体の運動

剛体が固定軸 (z 軸) のまわりに回転する場合には運動の自由度は 1 であり，運動は角運動量の z 成分 L_z の方程式によって決定される．回転軸 (z 軸) のまわりの慣性モーメント I を使って，運動方程式は

$$I\frac{d\omega}{dt} = N_z \tag{6.45}$$

と書ける．ここで N_z は剛体に作用する外力のモーメントの z 成分の総和である．固定軸のまわりに剛体が回転運動する例をいくつか具体的に見てみよう．

[例 1] 図 6.10 のように滑車に吊された 2 つの物体の加速度を求めてみよう．物体を吊したひもと滑車の間に滑りはないものとする．このような装置を**アトウッドの装置**と呼んでいる．[2]

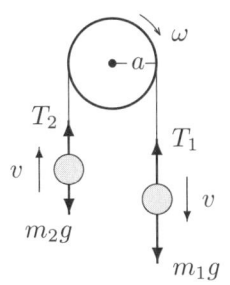

図 6.10 アトウッドの装置 ($m_1 > m_2$ とする)

物体の質量を m_1, m_2 ($m_1 > m_2$) とし，滑車の半径を a, 滑車の軸まわりの慣性モーメントを I_0 とする．滑車の角速度を ω, 物体が上昇または下降する速さを v として，物体と滑車について運動方程式を書き下そう．

$$m_1\frac{dv}{dt} = m_1 g - T_1 \tag{6.46}$$

$$m_2\frac{dv}{dt} = T_2 - m_2 g \tag{6.47}$$

$$I_0\frac{d\omega}{dt} = a(T_1 - T_2) \tag{6.48}$$

ただし T_1, T_2 はひもの張力である．軸の摩擦は無視する．式 (6.46) の T_1 と

---

[2] 落下運動を緩慢に行わせて重力加速度を測定するために G. Atwood(1746–1807) が考案した．

(6.47) の T_2 を式 (6.48) に代入し，ひもと滑車の間に滑りがない条件 $v = a\omega$ を使って，物体が上下する加速度 dv/dt を求める．結果は次式で表される．

$$\frac{dv}{dt} = \frac{m_1 - m_2}{m_1 + m_2 + \dfrac{I_0}{a^2}} g \tag{6.49}$$

[例 2] 固定軸のまわりに振動する剛体の振り子を **実体振り子** または **物理振り子** という．剛体の質量を M，固定軸と重心の間の距離を h，固定軸まわりの慣性モーメントを I として微小振動の周期を求めよう．固定軸と重心を結ぶ直線と鉛直軸のなす角度を ϕ とすると，回転を記述する運動方程式は

$$I \frac{d^2\phi}{dt^2} = -Mgh \sin\phi \tag{6.50}$$

と書ける．微小振動を考えて $\sin\phi \cong \phi$ と近似すれば

$$\frac{d^2\phi}{dt^2} = -\frac{Mgh}{I}\phi \tag{6.51}$$

を得る．この式は単振動の運動方程式と同じ形である．振動の**周期**は

$$T = 2\pi \sqrt{\frac{I}{Mgh}} \tag{6.52}$$

と表される．この周期は次の長さの単振り子の周期に等しい．[3]

$$l = \frac{I}{Mh} \tag{6.53}$$

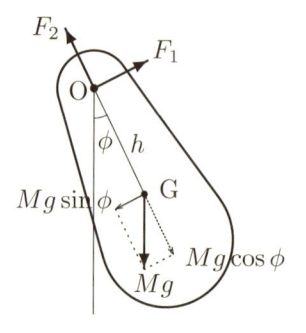

図 6.11 実体振り子

---

[3] 単振り子の周期の式 (1.91) (p.31) と比較せよ．

この l を **相当単振り子の長さ** と呼ぶ．重心を通り，固定軸に平行な軸のまわりの慣性モーメントを I_0 とすれば $I = I_0 + Mh^2$ であるから，l と h は

$$l = \frac{I_0 + Mh^2}{Mh} \quad \text{または} \quad h^2 - lh + \frac{I_0}{M} = 0 \tag{6.54}$$

の関係にある．l を与えたとき，この式は h についての 2 次方程式である．その 2 つの根を h_1, h_2 としよう．重心 G を中心とした半径 h_1, h_2 の円周上に支点をとればすべて同じ周期を与える．

なお重心の速度を v として重心運動の方程式 (6.1) を接線成分と法線成分にわけて書き下すと次式を得る．

$$M\frac{dv}{dt} = F_1 - Mg\sin\phi \tag{6.55}$$

$$M\frac{v^2}{h} = F_2 - Mg\cos\phi \tag{6.56}$$

ここで F_1, F_2 は剛体が支点から受ける接線方向，法線方向の力である．$\phi(t)$ はすでに求まっており，重心の速度 $v = h(d\phi/dt)$ は既知であるから，これらの運動方程式は剛体が固定軸から受ける力 F_1, F_2 を与える．

[問 2] 軽い糸で半径 a の球を吊るして振り子を作った．支点と球の中心の間の距離が h である．この振り子の微小振動の周期 T を求めよ．

[例 3] 剛体の回転運動を調べる際には以下の例に見るように，**角運動量保存則** が極めて役に立つ．

半径 $a = 3\,\text{m}$，質量 $M = 280\,\text{kg}$ の一様な円板が，その中心を通る鉛直軸のまわりに摩擦なく回転することができるとしよう．

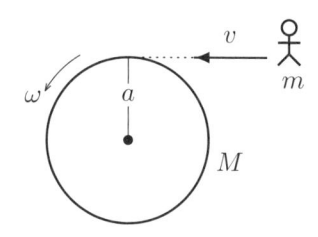

図 **6.12** 角運動量保存則の応用例

(1) 円板の接線方向から速さ $v = 5\,\mathrm{m/s}$ で走ってきた人 (質量 $m = 60\,\mathrm{kg}$) が静止していた円板の縁に飛び乗るとき, 円板が回りだす角速度 ω を求めよう.

人と円板からなる系を考えよう. 人が円板に飛び乗っても円板の中心位置が移動しないということは, 円板は軸から外力を受けることを意味する. したがって系の**全運動量は保存しない**. しかし円板の中心に関する外力のモーメントは 0 であるから, その点のまわりの**全角運動量は保存する**.

円板の接線方向に走っている人がその中心のまわりにもつ角運動量は mva である. 縁に人が乗った円板の軸まわりの慣性モーメント I は

$$I = \frac{1}{2}Ma^2 + ma^2 \tag{6.57}$$

と表される. 人が飛び乗る前後の角運動量を等しいとおくと, 円板が回転し始める角速度 ω が求まる.

$$mva = I\omega, \qquad \omega = \frac{mva}{I} \tag{6.58}$$

数値を代入して計算すると $I = 1800\,\mathrm{kg \cdot m^2}$ であり, $\omega = 0.5\,\mathrm{rad/s}$ と求まる. なお人が飛び乗る過程を衝突現象と考えると, 人は飛び乗ったのち円板と一体になって運動するので, この "衝突" は完全非弾性衝突であり, **運動エネルギーは保存しない**.

(2) 次に人が円板の中心に向かってゆっくり移動するとしよう. 中心から $a_1 = 1\,\mathrm{m}$ の所まできたときの円板の角速度 ω_1 を求めよう.

円板の中心のまわりの角運動量が保存することを用いればよい. 人が中心から a_1 の所にいるときの人と円板の慣性モーメント I_1 は

$$I_1 = \frac{1}{2}Ma^2 + ma_1^2 \tag{6.59}$$

である. 角運動量保存の関係 $I_1\omega_1 = I\omega$ より角速度 ω_1 は

$$\omega_1 = \frac{I}{I_1}\omega \tag{6.60}$$

と求まる. 数値を入れて計算すれば $I_1 = 1320\,\mathrm{kg \cdot m^2}$ で, $\omega_1 = 0.68\,\mathrm{rad/s}$ となる. このとき運動エネルギーの変化は $(I_1\omega_1^2 - I\omega^2)/2 > 0$ である. 運動エネルギーが増えた理由は, 人が遠心力に抗して中心方向へ移動する際に正の仕事をするからである.

この問題を円板とともに回転する座標系で考えてみよう．円板上で移動する人は**コリオリの力**を受ける．[4] 力の方向は，中心(回転軸)に向かうときには回転速度を上げる方向なのである．

[問 3] 人が円板の接線方向と角度 θ の方向から走ってきた場合に円板が回りだす角速度を求めよ．

[参考] 角運動量が 0 でも回ることができる．

角運動量が 0 であるということは必ずしも回転していないということではない．たとえば鉛直軸のまわりに摩擦なく回転する水平な回転台の上に人が立っており，はじめは台も人も静止しているとしよう(図6.13(a))．両手を右側へ水平に挙げて(同図(b))，水平面内で円を描くようにして左側へ回す(同図(c))．このとき台は逆向きに回転する．腕を回すことによって鉛直軸方向の角運動量が生じるので，角運動量を 0 に保つために全体が逆向きに回転するのである．手を降ろし，はじめの状態に戻る(図(d))．以上の動作を繰り返せば，図(c) の回転台の回転方向に任意の角度回転することができる．

猫がどんな姿勢で落ちても体を回転させ，足で着地するのも同じ原理である．

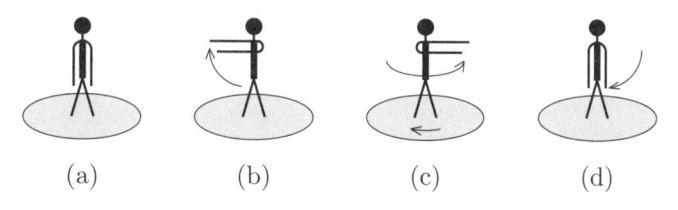

図 **6.13** 全体の角運動量は 0 でも向きを変えることができる．

[問 4] (a) 運動量が 0 であっても運動エネルギーが 0 でないような運動の例を述べよ．(b) 角運動量が 0 であっても運動エネルギーが 0 でないような運動の例を述べよ．

[問 5] 平均台や水平な棒の上などを歩くときに，両腕をまっすぐ水平に伸ばす．これは力学的にどのような意味があるのか．

[問 6] ゆで卵と生卵は回転させることによって区別できる．このわけを考えよ．

---

[4] コリオリの力に関しては p.88 以下を参照されたい．

6.7 剛体の平面運動

剛体の任意の点がそれぞれひとつの平面内にとどまっているような剛体の運動を平面運動という．剛体の平面運動は，重心の並進運動と重心のまわりの回転運動 (回転軸は考えている平面に垂直) に分けて記述することができる．それぞれの運動方程式は

$$M\frac{\mathrm{d}^2 \boldsymbol{r}}{\mathrm{d}t^2} = \sum_i \boldsymbol{F}_i \tag{6.61}$$

$$I_0 \frac{\mathrm{d}^2 \theta}{\mathrm{d}t^2} = \sum_i N_i \tag{6.62}$$

である，ここで M は剛体の質量，$\boldsymbol{r}$ は重心の位置，I_0 は重心を通る回転軸のまわりの慣性モーメント，θ は回転軸のまわりの回転角，N_i は剛体に作用する外力 $\boldsymbol{F}_i$ のモーメントの回転軸方向の成分である．

また**剛体の運動エネルギー**は重心運動のエネルギーと重心に相対的な運動すなわち回転運動のエネルギーの和として表される．[5] 重心の速度を $\boldsymbol{v} = \mathrm{d}\boldsymbol{r}/\mathrm{d}t$，重心まわりの角速度を $\omega = \mathrm{d}\theta/\mathrm{d}t$ とすると，剛体の運動エネルギー K は次の式で与えられる．

$$K = \frac{1}{2}Mv^2 + \frac{1}{2}I_0\omega^2 \tag{6.63}$$

[例題 1] 水平と角度 α をなす斜面を半径 a，質量 M の一様な球が転がり下りる運動を考えよう．図 6.14 のように斜面に沿って座標の x 軸を，斜面に垂直に y 軸をとる．球に作用する外力は重力 Mg と斜面から受ける垂直抗力 R および摩擦力 F である．このうち前二者は力の作用線が重心を通るので，重心まわりの回転を引き起こす力のモーメントを与えるのは摩擦力だけである．運動方程式は次のように表される．

$$M\frac{\mathrm{d}^2 x}{\mathrm{d}t^2} = Mg\sin\alpha - F \tag{6.64}$$

$$M\frac{\mathrm{d}^2 y}{\mathrm{d}t^2} = R - Mg\cos\alpha = 0 \tag{6.65}$$

$$I_0 \frac{\mathrm{d}\omega}{\mathrm{d}t} = aF \tag{6.66}$$

---

[5] 質点系の運動エネルギーについての式 (5.17) (p.103) を参照せよ．

6.7 剛体の平面運動

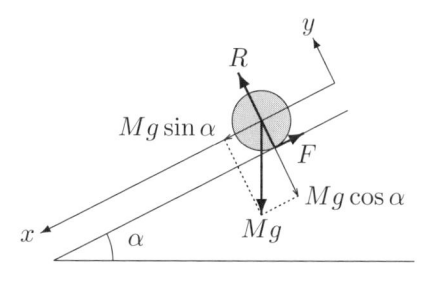

図 6.14 斜面を転がる剛体

y 方向には運動しないから第2式は0となる．この式は球が斜面から受ける垂直抗力 R を決定する．ところで未知数は x, ω, F, R と4個あるのに対して，方程式は3つしかない．もう1つの関係式は，球と斜面の間に滑りがあるかないかで異なる．

仮に球と斜面の間に滑りがないとすれば，球の重心の移動速度と回転の角速度の間には次の関係式が成り立つ．

$$\frac{\mathrm{d}x}{\mathrm{d}t} = a\omega \tag{6.67}$$

以上の式 (6.64), (6.66), (6.67) から球が斜面を転がり降りるときの重心の加速度と球が斜面から受ける摩擦力がそれぞれ次のように求まる．

$$\frac{\mathrm{d}^2 x}{\mathrm{d}t^2} = \frac{g\sin\alpha}{1 + \dfrac{I_0}{Ma^2}} = \frac{5}{7}g\sin\alpha \tag{6.68}$$

$$F = \frac{Mg\sin\alpha}{1 + \dfrac{Ma^2}{I_0}} = \frac{2}{7}Mg\sin\alpha \tag{6.69}$$

ただし球の慣性モーメントの式 (6.44) を使った．球が斜面から受ける垂直抗力は式 (6.65) より $R = Mg\cos\alpha$ である．摩擦力と垂直抗力の比は**静摩擦係数** μ_0 を越えてはならない．これが滑りが生じないための条件である．

$$\frac{F}{R} = \frac{2}{7}\tan\alpha \leqq \mu_0 \tag{6.70}$$

仮に $\mu_0 = 0.5$ とすると式 (6.70) より $\alpha \leqq 60°$ である．かなり急な斜面でも滑りなく転がることがわかる．

静止状態から滑りなく転がり始めた球が斜面に沿って距離 l だけ移動したと

きの重心速さ v を求めるとしよう．球の重心が斜面に沿って移動する加速度は $a_c = (5/7)g\sin\alpha$ (式 (6.68) 参照) であるから，距離 l 移動する時間を t_l とすると

$$l = \frac{1}{2} a_c t_l^2, \quad v = a_c t_l \tag{6.71}$$

したがって次の結果を得る．

$$v = \sqrt{2a_c l} = \sqrt{\frac{10}{7} gl\sin\alpha} \tag{6.72}$$

滑りがないときには摩擦力は仕事をしない (斜面に接している球上の点は斜面から垂直に離れ，力の方向には変位しない) ので，力学的エネルギーは保存する．このことを利用すると式 (6.72) は簡単に求めることができる．初速度 0 で滑ることなく転がりはじめた球の重心の高さが h だけ低くなったとすると，力学的エネルギー保存則により次の式が成り立つ．

$$\frac{1}{2}Mv^2 + \frac{1}{2}I_0\omega^2 = Mgh \tag{6.73}$$

球の (直径のまわりの) 慣性モーメント $I_0 = 2Ma^2/5$, 滑りのない条件 $\omega = v/a$ を代入して計算すれば次の結果を得る．

$$v = \sqrt{\frac{10gh}{7}} \tag{6.74}$$

$h = l\sin\alpha$ を代入すればこの式は式 (6.72) に一致する．力学的エネルギー保存則から求めた結果 (6.74) は，滑りがないという条件が常に満たされるならば，斜面が直線でない場合にも適用できる．

静摩擦係数が小さくなるか，斜面の傾角が大きくなって，条件 (6.70) が成り立たなくなれば滑りが生じる．この場合には**動摩擦係数**を μ とすると摩擦力 (動摩擦) F が次式で与えられる．

$$F = \mu R = \mu Mg\cos\alpha \tag{6.75}$$

この場合には，運動方程式 (6.64), (6.66) は独立に解を求めることができ，次の結果を得る．

$$\frac{d^2 x}{dt^2} = g(\sin\alpha - \mu\cos\alpha) \tag{6.76}$$

$$\frac{d\omega}{dt} = \frac{5\mu\cos\alpha}{2}\frac{g}{a} \tag{6.77}$$

[問 7] 密度が内部まで一様な球と中空の球がある．2つの球は直径も質量も外観も同じである．慣性モーメントはどちらが大きいか．斜面を同時に転がすとき，どちらが速く転がるか．

[例題 2] なめらかな水平面上に置かれている剛体に水平に**撃力**を加える場合を考える．撃力の力積を $F\tau$ とする．平均的な力の大きさ F は十分大きく，作用時間 τ は十分に短いものとする．剛体の質量を M，重心まわりの慣性モーメントを I_0，重心Gから撃

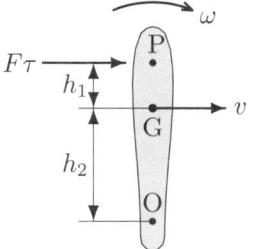

図 **6.15** 撃力による運動

力の作用線に下ろした垂線の足をP，GP間の距離を h_1 とし，重心が動き出す速度 v と重心のまわりに回りはじめる角速度 ω を求めよう．運動量の変化は**力積**に等しいこと，角運動量の変化は**角力積**に等しいことから，それぞれ次の結果を得る．

$$Mv = F\tau, \qquad v = \frac{F\tau}{M} \tag{6.78}$$

$$I_0\omega = h_1 F\tau, \qquad \omega = \frac{h_1 F\tau}{I_0} \tag{6.79}$$

剛体の重心は速度 v で等速直線運動を始め，全体は重心のまわりを一定の角速度 ω で回転する．このときGPを結ぶ直線上で，Pと反対側に初速度が0の点がある．Gからこの点Oまでの距離を h_2 とすると

$$v - h_2\omega = \frac{F\tau}{M}\left(1 - \frac{M}{I_0}h_1 h_2\right) = 0 \tag{6.80}$$

である．したがって次の関係が成り立つ．

$$h_1 h_2 = \frac{I_0}{M} \tag{6.81}$$

P点をO点に対する**打撃の中心**という．たとえばバットでボールを打つとき，バットを握る点Oに対して打撃の中心Pとなる点にボールをあてれば，手は衝撃を受けない．これが「バットの芯にあたった」ということである．

なお $s = h_1 + h_2$ はP点またはO点を支点とする実体振り子の相当単振り

子の長さ (6.54) になっている.

$$s = h_1 + h_2 = \frac{I_0 + Mh_1^2}{Mh_1} \quad \text{または} \quad \frac{I_0 + Mh_2^2}{Mh_2} \quad (6.82)$$

[問 8] 長さ l の一様な棒の一端をもつとき,打撃の中心はどこにあるか.

6.8 こまの運動

　回転軸の一点が固定されている例として,床との接点が不動のこまの運動を考えよう.こまは回転対称軸のまわりに高速に自転する.日常よく経験するのは図 6.16(a) のように,鉛直線から傾いた自転軸が鉛直軸のまわりをゆっくりと回転する場合である.このゆっくりとした回転運動を**歳差運動** (precession) という.ある場合にはこまの自転軸が周期的に起きたり倒れたりする.これを**章動** (nutation) という.ここでは簡単のために章動のない場合,すなわち自転軸が鉛直軸となす角度が一定の定常的な歳差運動を解析しよう.

　運動を記述する式は次の方程式である.

$$\frac{d\boldsymbol{L}}{dt} = \boldsymbol{N} \quad (6.83)$$

角運動量 $\boldsymbol{L}$ と力のモーメント $\boldsymbol{N}$ は固定点 O のまわりに計算する.こまの角運動量 $\boldsymbol{L}$ は,自転の角運動量と歳差運動の角運動量とのベクトル和である.したがって $\boldsymbol{L}$ は鉛直軸とこまの自転軸が作る平面内にある.一方,固定点のまわ

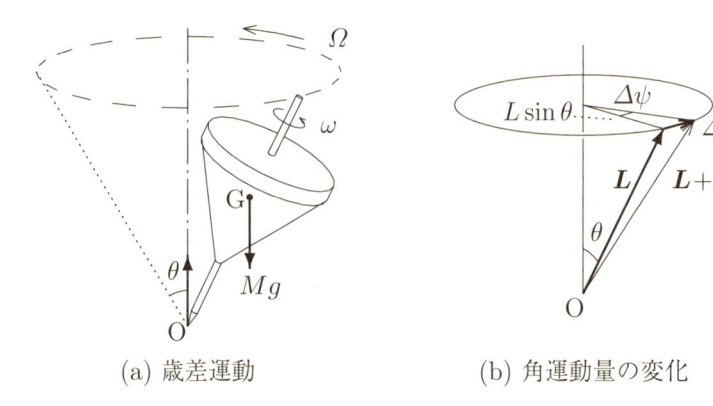

(a) 歳差運動　　　　　(b) 角運動量の変化

図 **6.16** こまの歳差運動

りにモーメントをもつ力は重心に作用する重力だけである．重力のモーメントの方向は，鉛直軸とこまの軸の作る面に垂直である．以上から L と N とは直交することがわかる．一般に式 (6.83) の形の微分方程式において L と N が垂直であるとき，L の大きさは変化しない．なぜなら

$$\frac{dL^2}{dt} = \frac{d}{dt}(L \cdot L) = 2L \cdot \frac{dL}{dt} = 2L \cdot N = 0 \tag{6.84}$$

であるから，L^2 は一定である．実際，微小時間 Δt の間の角運動量の変化 $\Delta L = N \Delta t$ は図 6.16(b) に示すように，つねに L に垂直で，水平方向を向いているから L は鉛直軸のまわりに回転することになる．**外力 (重力) のモーメントは一見するとこまを倒す向きに作用しているのだが，こまは倒れるのでなく，歳差運動をする**のである．

歳差運動の角速度を求めよう．以下でわかるように，こまが自転軸のまわりに高速回転している場合には，この自転の角運動量に比べて，鉛直軸まわりの歳差運動の回転の角運動量は小さいので無視する．微小時間 Δt の間に，こまの自転軸の方向が鉛直軸のまわりを回る角度を $\Delta \psi$ としよう (図 6.16(b) 参照)．この間の角運動量ベクトルの変化の大きさ ΔL は $\Delta L = (L \sin \theta) \Delta \psi$ である．したがって次の関係式を得る．

$$\Delta \psi = \frac{\Delta L}{L \sin \theta} = \frac{N \Delta t}{L \sin \theta} \tag{6.85}$$

ここで，固定点から重心までの距離 $\overline{OG}$ を h，こまの軸が鉛直となす角度を θ とすると，重力のモーメントの大きさは $N = Mgh \sin \theta$ である．また，こまの対称軸のまわりの慣性モーメントを I_0，対称軸まわりの回転 (自転) の角速度を ω とすると，角運動量の大きさは $L \cong I_0 \omega$ であるので

$$\Delta \psi = \frac{N \Delta t}{L \sin \theta} = \frac{Mgh}{I_0 \omega} \Delta t \tag{6.86}$$

となる．よって歳差運動の角速度 Ω は次のように求まる．

$$\Omega = \frac{\Delta \psi}{\Delta t} = \frac{Mgh}{I_0 \omega} \tag{6.87}$$

この式から Ω は，こまの自転が速くなればなるほど小さくなることがわかる．一般に，**高速に回転している物体は回転軸の方向を保ち続けよう**とするので，回転軸の方向を変えようとすると大きな抵抗を示す．

固定点と重心を一致させる ($h = 0$) とこまは自転軸を一定の方向に保つことになる．このように重心を固定点として任意の方向のまわりに自由に回転できるはずみ車をもつ装置を**ジャイロスコープ**という．つねに回転軸の方向が水平面内で南北の方向を指すように工夫された装置をジャイロコンパスと呼び，船や航空機の羅針儀として利用されている．

地球の歳差運動

地球の自転軸は公転面 (黄道面) に垂直な方向から $23.5°$ 傾いている．地球が完全な球ではなく，赤道面でふくらんでいるために，以下に述べる理由によって，自転軸を起こそうとする向きの力のモーメントが生じる．このため自転軸は傾きを一定に保って歳差運動を行う．この歳差運動によって地軸の方向は約 25800 年の周期で回転している．

歳差運動を起こす力のモーメントの由来は次のように考えられる．地軸の歳差運動の周期は，月が地球のまわりを 1 周する時間や地球が太陽のまわりを 1 周する時間に比べて十分に長いので，月や太陽との間の引力の効果を考慮するとき，平均としては月や太陽の質量が地球のまわりに均一に分布していると考えてよい (土星の輪を思い浮かべよ)．したがって図 6.17 に示すように，地球の赤道付近の膨らんだ部分には正味として図のような力が作用する．この力が地軸を起こそうとする力のモーメントを与えるのである．月の影響の方が大きいが，太陽の影響も月の 70% ほどある．

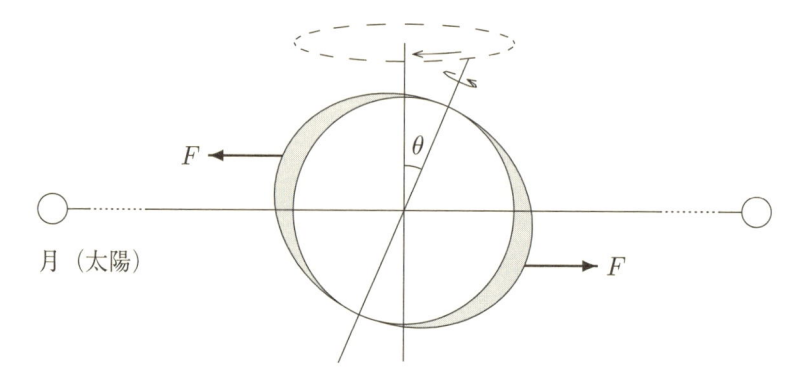

図 6.17 地球の歳差運動 (赤道面のふくらみは誇張されている)

演習問題

力の釣り合い

1. 水平な床の上に質量 M の一様な直方体がある．直方体の高さは h, 側面の幅は a である (右図参照)．直方体と床との間の静摩擦係数は μ である．直方体の上端に水平な力 F を加えるとき，直方体が滑らないで倒れる条件を求めよ．

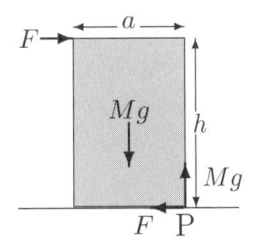

2. 自動車が水平な路面のカーブを速度 v で通過するとき, 横滑りを生じないためには $v < \sqrt{\mu r g}$, 横転しないためには $v < \sqrt{arg/2h}$ を満たさなければならないことを示せ．ただし r は車の重心が描く曲率半径, h は路面から重心までの高さ, a は左右の車輪の間隔, μ は路面とタイヤとの間の静摩擦係数, g は重力加速度である．実際の車ではどちらの方が起こりやすいか．(重力と遠心力の合力 F の作用線が図の接地点 P の下を通れば横転しない．)

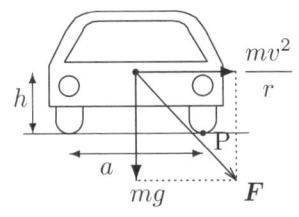

慣性モーメント

3. 次の慣性モーメントを求めよ．質量はいずれも M とする．
   (a) 長さ l, 質量 $M/4$ の一様な細い棒4本を組み立てて作った正方形の枠の, 中心を通り枠を含む面に垂直な軸のまわりの慣性モーメント．
   (b) 半径 a の細い円輪 (リング) の, ひとつの直径のまわりの慣性モーメント．
   (c) 底面の半径 a, 軸方向の長さ h の直円柱の, 重心を通り軸に垂直な回転軸のまわりの慣性モーメント．
   (d) 一辺 a の正三角形の板の, 重心を通り面に垂直な軸のまわりの慣性モーメント．
   (e) 半径 a の一様な球殻 (表面にのみ質量が分布している中空の球) の, 中心を通る軸のまわりの慣性モーメント．

4. フィギュアスケートの選手が腕を水平に伸ばして，身体の重心を通る鉛直軸のまわりに毎秒 2 回転の速さで回転している．手をすぼめたとき毎秒何回転の速さで回転するか，次の近似のもとに計算せよ．水平に伸ばした両腕は質量 $m = 4\,\text{kg}$，長さ $l = 1.4\,\text{m}$ の細い棒で，胴体は質量 $M = 56\,\text{kg}$，半径 $r = 11\,\text{cm}$ の円柱で近似する (円柱の周囲の長さ約 70 cm は人の平均の胴まわりの長さとして妥当な値)．また手をすぼめたときは質量 $M + m = 60\,\text{kg}$，半径 $r = 11\,\text{cm}$ の円柱で近似する．

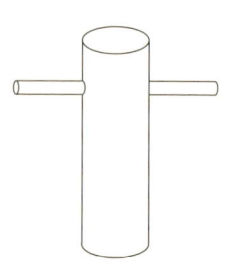

剛体の運動エネルギー，運動量，角運動量

5. 次の剛体の運動エネルギー K，運動量の大きさ P，原点のまわりの角運動量の大きさ L，重心のまわりの角運動量の大きさ L' を求めよ．

  (a) 次の運動をしている半径 a，質量 M の一様な球．

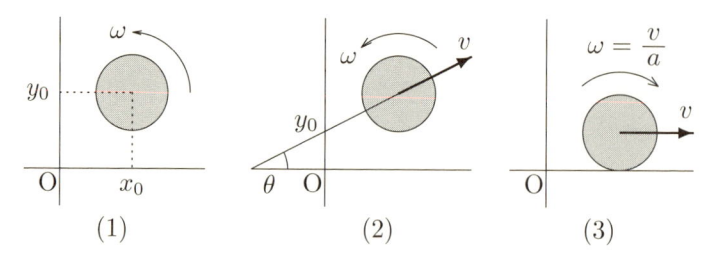

  (1) x-y 面の固定点 (x_0, y_0) を通り x-y 面に垂直な軸まわりに角速度 ω で回転している．

  (2) 中心を通り x-y 面に垂直な軸まわりに角速度 ω で回転しながら，直線 $y = x\tan\theta + y_0$ に沿って速度 v で移動している．

  (3) x 軸上を速さ v で滑らずに転がっている．

  (b) 原点に一端を固定され，x-y 面内で角速度 ω で回転している長さ l，質量 M の一様な細い棒 (右図参照)．

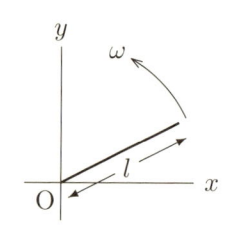

角運動量の保存則

6. 質量 M, 長さ l の細い棒がその一端のまわりに自由に回転できる．水平に速度 v で飛んできた質量 m の物体が，静止していた棒に，支点 O から距離 x の地点にくっついた．

   (a) 全体が回りだす角速度 ω を求めるのに，O 点のまわりの角運動量保存則を用いる理由を説明せよ．また ω を求めよ．

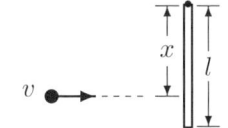

   (b) 衝突の前後における運動エネルギーの損失 ΔE を求めよ．

   (c) 衝突の前後で運動量が保存する場合がある．そのときの x を求めよ．このときはなぜ運動量が保存するのか．

実体振り子

7. 半径 20 cm, 質量 5 kg の一様な円板形の回転体を作ったつもりであったが，水平な回転軸に取り付けると円周上のある点 P がつねに最下点となった．この平衡位置のまわりに微小振動をさせたところ周期は 6 秒であった．回転軸をはさんで P 点と対称な点におもりをつけることによってバランスをとりたい．おもりの質量を求めよ．

8. 円弧状の細い針金が，その中点 (図の点 P) を支点にして針金を含む平面内で微小振動する．この振動の周期 T は円弧の半径 R のみで決まり，図の角度 φ にはよらないことを示せ．

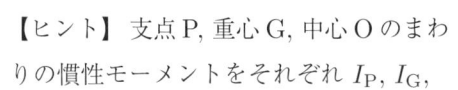

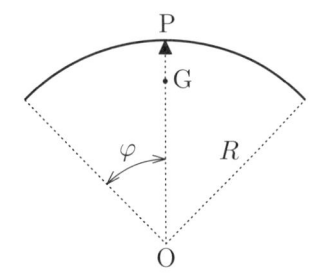

   【ヒント】支点 P, 重心 G, 中心 O のまわりの慣性モーメントをそれぞれ I_P, I_G, I_O, および円弧の質量を M, 支点-重心間の距離 $\overline{PG}$ を h とすると $I_P = I_G + Mh^2$, $I_O = I_G + M(R-h)^2$ が成り立つ．なお h は φ の関数であるが，この問題を解くのに h を求める必要はない．

剛体の平面運動

9. ボーリングのボールが回転なしに速さ v_0 で滑り始めた．このボールが滑りがなく転がるようになったときのボールの進む速さ v_1 を求めよ．ただ

しボールは完全な球形と考えてよく，質量を M，半径を a とする．また中心を通る軸のまわりの慣性モーメントは $I_0 = kMa^2$ とする．

10. 中心軸のまわりに自由に回転できる円板と軽いバネを図のように連結した．円板は水平な床の上を滑ることなく転がる．円板の中心が水平軸内で行う振動の角振動数 Ω を求めよ．バネ定数 k，円板の半径 a，質量 M，慣性モーメント I_0 である．

11. 質量 M，半径 a の円板の周囲に軽い糸を巻きつけ，糸の一端をもって円板を鉛直面内で落下させる．円板の重心の加速度と糸の張力を求めよ (右図参照)．

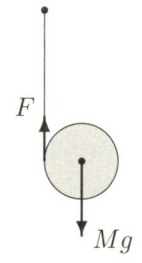

12. 半径 a，質量 M の小球が，固定された半径 R の球面の底の付近で転がり振動する．小球は最下点を通り，転がりに滑りはないとする．小球の重心と半径 R の球面の中心を結ぶ直線が鉛直線となす角度を ϕ，最下点を通過したときからの小球の回転角を θ とする．滑りがないので円弧 $\overparen{A'P}$ と $\overparen{AP}$ は等しく，$a(\theta + \phi) = R\phi$ の関係が成り立つ．小球の重心の接線方向の運動と重心まわりの回転について運動方程式を書け．微小振動の近似 $\sin\phi \approx \phi$ のもとに振動の周期 T を求めよ．

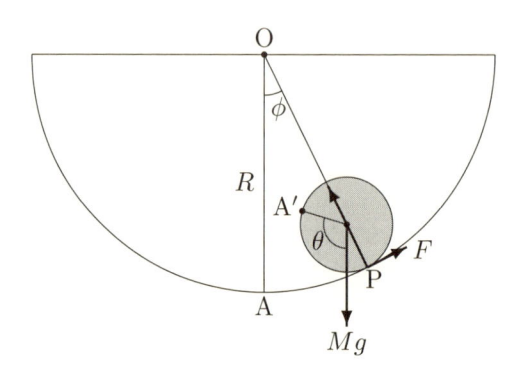

問題解答

第1章の問

問 1. (a) ほとんどの者は座っているか立っていると考えられる．総和は上向き，大きさは 10000 m 以上にはなるだろう．
(b) もし寝る方向がでたらめと仮定すれば総和のベクトルはほとんど 0 なのだが．

問 2. $t=1$ s: $x=9$ m, $v=7$ m/s, $a=-6$ m/s^2. $t=2$ s: $x=12$ m, $v=-2$ m/s, $a=-12$ m/s^2. 1〜2 s の平均: $\overline{v}=3$ m/s, $\overline{a}=-9$ m/s^2.

問 3. 正しいのは (c), (f), (h). たとえば (b) が正しくないわけは式 $x(t)=ct^3$ (c:定数) で表される運動の $t=0$ の瞬間を考えよ．

問 4. 物体が動くか動かないかは，物体に作用する動かそうとする力 (ロープの力) とそれに対抗する力 (摩擦力など) との大小関係で決まる．

問 5. (a) L (b) LT^{-1} (c) LT^{-2} (d) LMT^{-1} (e) LMT^{-2} (f), (g) 1 (無次元)

問 6. (a) T (時間), (b) LT^{-1} (速度), (c) MLT^{-2} (力)

問 7. (a) $m\dfrac{\mathrm{d}v}{\mathrm{d}t} = -mg - cv^2$ (b) $m\dfrac{\mathrm{d}v}{\mathrm{d}t} = -mg + cv^2$

問 8. $v(t) = \left(v_0 + \dfrac{mg}{c}\right)\mathrm{e}^{-ct/m} - \dfrac{mg}{c}$, $x(t) = \dfrac{m}{c}\left(v_0 + \dfrac{mg}{c}\right)\left(1-\mathrm{e}^{-ct/m}\right) - \dfrac{mg}{c}t$

問 9. 形が同じなら質量が大きい方が，重力に対する抵抗力の比が小さいので，先に地面に達する．

問 10. 上昇時は重力と抵抗力の方向は同じ，下降時は逆向き，したがって加速度の大きさは上昇時の方が大きい．つまり同じ高さにおける速さは上昇時の方が大きい．ゆえに下降時間の方が長い．

問 11. 約 9.7 m/s，ほとんど速度の 2 乗に比例する抵抗力で決まる．

問 12. バネの伸び $l=mg/k$ を使うと $T=2\pi\sqrt{m/k}=2\pi\sqrt{l/g}$ である．

問 13. 上の結果を使って計算する．0.63 s.

問 14. 前輪の駆動力の最大値は $mg/2$ なので最大加速度は $g/2$.

問 15. 静摩擦係数は $\mu=\tan 31°=0.60$. 加速度は $2\times 1\,\mathrm{m}/(1.5\,\mathrm{s})^2 \cong 0.89\,\mathrm{m/s}^2 \cong 0.09g$ なので $\sin 31° - \mu'\cos 31° = 0.09$ より $\mu' \cong 0.50$.

問 16. 向心力 mv^2/R が最大摩擦力 μmg より大きいとスリップを起こす．$R_{\min} = v^2/\mu g$, $\mu=0.8$ のとき $R_{\min}=35$ m, $\mu=0.6$ のとき $R_{\min}=47$ m.

問 17. $2\pi/\sqrt{9.8}$ s = 2.007 s, 約 2.0 秒．

第1章の演習問題

1. 機首が向いている方向が真北となす角を θ とすると，$\sin(\theta/2) = 70/400$，ゆえに $\theta \cong 20°$．(a) 機首は真北から $20°$ 西 (または東) 寄りの方向を向いている．(b) 風は真東 (または真西) から $10°$ 北寄りの方向へ吹いている．

2. 加速度 $a(t)$ と位置座標 $x(t)$ の解答例を示す．

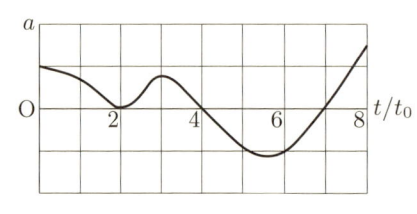

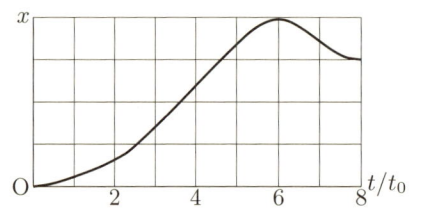

- $a(t)$ グラフは連続曲線であること．
- $t = 2t_0, 4t_0, 7t_0$ で 0 であること．$t = 2t_0$ では 0 に近い値 (ただし正の) でも極小点よい．
- $t < 2t_0, 2t_0 < t < 4t_0$ で正，$4t_0 < t < 7t_0$ で負，$7t_0 < t$ で正であること．
- $x(t)$ グラフは折れた点のない，なめらかな連続曲線であること．
- $t = 0, 6t_0, 8t_0$ で微分係数が 0 であること．
- $0 < t < 6t_0$ で単調増加，$6t_0 < t < 8t_0$ で単調減少であること．
- $t = 8t_0$ で正であること．

3. (a) $v(t) = v_0 \, e^{-kt}$, $\quad x(t) = \dfrac{v_0}{k}(1 - e^{-kt})$

   (b) $v(t) = \dfrac{v_0}{1 + kv_0 t}$, $\quad x(t) = \dfrac{1}{k} \log(1 + kv_0 t)$

   (c) $v(t) = \dfrac{k_1 v_0}{(k_1 + k_2 v_0) e^{k_1 t} - k_2 v_0}$, $\quad x(t) = \dfrac{1}{k_2} \log \left\{ 1 + \dfrac{k_2 v_0}{k_1}(1 - e^{-k_1 t}) \right\}$

4. (a) $\dfrac{dv}{dx} = -\dfrac{g + kv}{v}$ を解いて $x = \dfrac{v_0 - v}{k} - \dfrac{g}{k^2} \log \dfrac{g + kv_0}{g + kv}$

   $v = 0$ のとき $x = h$ である．$h = \dfrac{v_0}{k} - \dfrac{g}{k^2} \log \left(1 + \dfrac{kv_0}{g} \right)$

   (b) $\dfrac{dv}{dx} = -\dfrac{g + kv^2}{v}$ を解いて $x = \dfrac{1}{2k} \log \dfrac{g + kv_0^2}{g + kv^2}$

   $v = 0$ を代入して $h = \dfrac{1}{2k} \log \left(1 + \dfrac{k}{g} v_0^2 \right)$

5. 最高点の座標 $\left(\dfrac{v_0^2 \sin(2\theta)}{2g}, \dfrac{v_0^2 \sin^2 \theta}{2g} \right)$，したがって $\tan \varphi = \dfrac{\sin^2 \theta}{\sin(2\theta)} = \dfrac{1}{2} \tan \theta$

6. 運動方程式：$m\ddot{x} = F_x = 0$，$m\ddot{y} = F_y = -m\alpha^2 y$

   $x(t) = v_1 t$, $\quad y(t) = \dfrac{v_2}{\alpha} \sin \alpha t$．軌跡は $y = \dfrac{v_2}{\alpha} \sin \dfrac{\alpha x}{v_1}$．

7. $k = \dfrac{c}{m}$ とおくと $v_x(t) = v_1 e^{-kt}$, $\quad x(t) = \dfrac{v_1}{k}(1 - e^{-kt})$

   $v_y(t) = -\dfrac{g}{k} + \left(\dfrac{g}{k} + v_2 \right) e^{-kt}$, $\quad y(t) = -\dfrac{g}{k} t + \dfrac{1}{k} \left(\dfrac{g}{k} + v_2 \right)(1 - e^{-kt})$

第 2 章の問題解答

8. $k = \dfrac{c}{m}$ とおくと $v_x(t) = u + (v_1 - u)\mathrm{e}^{-kt}$, $x(t) = ut + \dfrac{v_1 - u}{k}(1 - \mathrm{e}^{-kt})$
   $v_y(t), y(t)$ は前問と同じ. 十分に時間がたつと等速度運動となる. そのときの速度は $v_x = u$, $v_y = -g/k$ (風の日の雨滴の運動を思い起こされたい).
9. 柄の方向に押す力を F, 柄と床のなす角度を θ, 静摩擦係数 μ とする. 押す力の水平方向成分 $F\cos\theta$ より静摩擦力 $\mu F \sin\theta$ が大きいと移動できない.
10. 斜面が水平となす角を α とする. 垂直抗力を N ($= mg\cos\alpha$), 静摩擦係数を μ とすると車が路面から受ける力は $F \leqq \mu N = \mu mg\cos\alpha$ である. 運動方程式 $ma = F - mg\sin\alpha$ とあわせて $a \leqq g(\mu\cos\alpha - \sin\alpha)$, 数値 $\mu = 1$, $\alpha = 15°$ を代入して $a \leqq g(\cos 15° - \sin 15°) \cong 0.71g$
11. (a) $x(t) = x_0 \cos\omega t$ (b) $x(t) = \dfrac{v_0}{\omega}\sin\omega t$
    (c) $x(t) = x_0 \cos\omega t + \dfrac{v_0}{\omega}\sin\omega t$ (d) $x(t) = x_0 \cos\omega(t - t_0)$
12. 問 12 の結果を使うとよい. (a) $\sqrt{2}$ 倍, (b) $1/\sqrt{2}$ 倍, (c) $\sqrt{3/2}$ 倍
13. バネ定数を k とすると $kh = mg$, 周期は $T = 2\pi\sqrt{\dfrac{m}{k}} = 2\pi\sqrt{\dfrac{h}{g}}$.
14. (a) 運動方程式は $v > 0$ のとき $m\ddot{x} = -kx - F$, $v < 0$ のとき $m\ddot{x} = -kx + F$.
    $\omega = \sqrt{k/m}$, $t_0 = \pi/\omega$ とすると
    $$0 \leqq t \leqq t_0 \qquad x(t) = -\left(l - \dfrac{F}{k}\right)\cos\omega t - \dfrac{F}{k}$$
    $$t_0 \leqq t \leqq 2t_0 \qquad x(t) = \left(l - \dfrac{3F}{k}\right)\cos(\omega t - \pi) + \dfrac{F}{k}$$
    $$2t_0 \leqq t \leqq 3t_0 \qquad x(t) = -\left(l - \dfrac{5F}{k}\right)\cos(\omega t - 2\pi) - \dfrac{F}{k}$$
    $\cdots$

    (b) 最大静摩擦力は $\mu mg = 2.94\,\mathrm{N}$ であるから $|x| \leqq 2.94\,\mathrm{cm}$ の範囲で止まったら, 以後は運動しない. 次図のようになる.

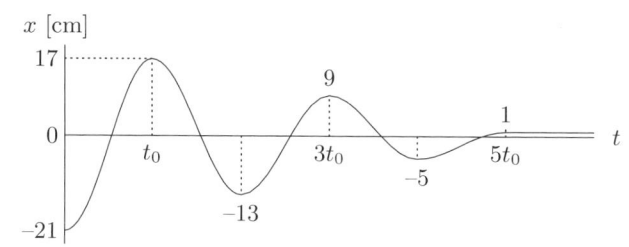

15. 周期は約 4.85 秒, 微小振動の周期の 2.42 倍.
16. 到達距離は約 $43.7\,\mathrm{m}$. $\varDelta t = 0.01\,\mathrm{s}$ で計算すると $43.5\,\mathrm{m}$ となるだろう.

第 2 章の問

問 1. (a) 力の大きさ $mg(\sin\theta + \mu\cos\theta)$, 仕事 $mgl(\sin\theta + \mu\cos\theta)$
   (b) 摩擦力 $\mu mg\cos\theta$ のする仕事は $-\mu mgl\cos\theta$
   (c) 重力 mg のする仕事は $-mgl\sin\theta$

問 2. たとえば体重 60 kgw の人が 1 階 (約 3 m) を 2 秒でかけ上がるとして計算すると $60\,\text{kg} \times (9.8\,\text{m/s}^2) \times 3\,\text{m}/2\,\text{s} = 880\,\text{W} \cong 1.2\,$馬力.

問 3. $(1,1,0)$ と $(1,1,1)$ のスカラー積は 2 である．2 つのベクトルのなす角度を θ とすると $\sqrt{2}\sqrt{3}\cos\theta = 2$，よって $\theta = \cos^{-1}(2/\sqrt{6}) \cong 35.26°$

問 4. 100 km/h のときの運動エネルギーは 70 km/h の約 2 倍．制動力のなす仕事は 70 km/h のときの運動エネルギーに等しい．したがって障害物の直前での速さは約 70 km/h である．

問 5. 径路 $y = x^2/l$ 上では $F_x = ay = ax^2/l$, $F_y = bx = b\sqrt{ly}$ である．

求める仕事は $\dfrac{a}{l}\displaystyle\int_0^l x^2\,dx + b\sqrt{l}\int_0^l \sqrt{y}\,dy = \dfrac{1}{3}(a+2b)l^2$

問 6. (a) 保存力．位置エネルギー： $U(x,y,z) = -ax^2 y$

(b) 保存力．位置エネルギー： $U(x,y,z) = -axy^2 + 3axyz$

問 7. 人間がエネルギーを利用するとき，利用可能な形態のエネルギー (化学的エネルギー，電気的エネルギー等) は利用不可能な形態のエネルギー (環境へ放出する熱エネルギー) に変換される．"エネルギー不足"とは利用可能な形態のエネルギー源が不足することを意味する．

問 8. 重心の上昇を h とすると $mgh = mv^2/2$ である．$h \cong 5.1\,\text{m}$．重心は 6.1 m の高さまで上がる (だいたい棒高跳びの世界記録になる)．

問 9. 最下点を位置エネルギーの基準点に選ぶと $\dfrac{1}{2}mv_0^2 = \dfrac{1}{2}mv^2 + mgl(1-\cos\theta)$

第 2 章の演習問題

1. 底面から高さ $x + dx$ の部分の位置エネルギー $dU = \rho\left(\dfrac{h-x}{h}l\right)^2 dx \times gx$

$U = \dfrac{\rho g l^2}{h^2}\displaystyle\int_0^h x(h-x)^2\,dx = \dfrac{1}{12}\rho g h^2 l^2$，数値を代入して $U = 2.42 \times 10^{12}\,\text{J}$.

1 人の 1 分間の仕事量 $2\,\text{m} \times 50\,\text{kg} \times 9.8\,\text{m/s}^2 = 980\,\text{J}$, 1 日 (10 時間) の仕事量 $980\,\text{J} \times 600 = 5.88 \times 10^5\,\text{J}$, 1000 人では 1 日に $5.88 \times 10^8\,\text{J}$, したがって 約 4120 日 ≈ 11 年 3 ヶ月 $(2.42 \times 10^{12}/5.88 \times 10^8\,$日$)$ かかる．

2. B 点からの距離を r とすると力は $F = -F_0 r/2a$ と表される．

(1) $W = \displaystyle\int_0^\pi F_0 \cos\dfrac{\theta}{2}\cos\left(\dfrac{\pi}{2} - \dfrac{\theta}{2}\right)a\,d\theta = \dfrac{1}{2}aF_0\int_0^\pi \sin\theta\,d\theta = aF_0$

(2) B 点を基準にすると A 点の位置エネルギーは $U_\text{B} = \dfrac{1}{2}\dfrac{F_0}{2a}(2a)^2 = aF_0$

3. (1) 運動方程式 $m\dot{v} = P/v$ より $v^2 = 2Pt/m$

(2) 運動エネルギーの増加は Pt に等しいから $\frac{1}{2}mv^2 = Pt$

ともに $v(t) = \sqrt{\dfrac{2P}{m}t}$ を得る．これを時間で積分して $x(t) = \dfrac{2}{3}\sqrt{\dfrac{2P}{m}t^3}$.

4. 止まるまでの距離を s とすると $mv^2/2 = Fs$. $v = 20\,\text{m/s}$, $s = 1\,\text{m}$, $m = 1500\,\text{kg}$

のとき $F = 3 \times 10^5$ N $\cong 3 \times 10^4$ kgw, $m = 60$ kg のとき $F = 1.2 \times 10^4$ N $\cong$ 1200 kgw.

5. $U(x) = -\int_0^x F(x)\,dx$ である．4 区間に分けて位置エネルギーを求める．

   $x > L$ $\quad$: $U(x) = -\int_0^L (-F_0)\,dx - \int_L^x 0\,dx = F_0 L$

   $L > x > 0$ $\quad$: $U(x) = -\int_0^x (-F_0)\,dx = -(-F_0)x = F_0 x$

   $0 > x > -L$: $U(x) = -\int_0^x F_0\,dx = -(F_0 x) = -F_0 x$

   $-L > x$ $\quad$: $U(x) = -\int_0^{-L} F_0\,dx - \int_{-L}^x 0\,dx = F_0 L$

   グラフに表すと

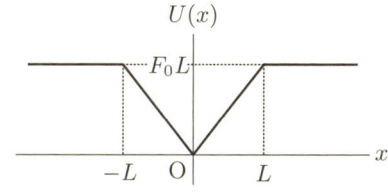

   （$U(x)$ のグラフ：$x = \pm L$ の外側で $F_0 L$、内側で V 字型に 0 になる）

6. 速度 890 km/h に対する運動エネルギー 7.2×10^9 J, 高度 13000 m に対する位置エネルギー 2.98×10^{10} J, あわせて 3.70×10^{10} J.
   必要な飛行距離は $(3.7 \times 10^{10}\,\text{J})/(8 \times 10^5\,\text{N}) \cong 46000$ m $= 46$ km.

7. 質量を m とすると，力学的エネルギー保存則から $mgh + \frac{1}{2}mv_0^2 = \frac{1}{2}mv^2$，したがって $v = \sqrt{2gh + v_0^2}$．v は投げる方向には関係しない．

8. 高低差（ロープの自然長 l とロープの伸び x の和）に対応する位置エネルギーの差 $mg(l+x)$ を弾性エネルギー $kx^2/2$ に等しいとおいて $x = l_0 + \sqrt{l_0^2 + 2l_0 l}$ を得る．ただし $l_0 = mg/k$ は人をロープに静かに吊るしたときの伸び．$m = 60$ kg, $l = 20$ m, $l_0 = 4.8$ m を代入して $x \cong 19.5$ m を得る．最大張力 2400 N $\cong 244$ kgw.

9. (a) $E = \frac{1}{2}mA^2\omega^2$ $\quad$ (b) $\langle |v^3| \rangle = \frac{\omega}{\pi}\int_0^{\pi/\omega} A^3\omega^3 \cos^3\omega t\,dt = \frac{4}{3\pi}A^3\omega^3$

   (c) $\dfrac{dE}{dt} = -\dfrac{4m\gamma}{3\pi}A^3\omega^3$ に (a) の結果を代入せよ．$A(t) = \dfrac{A_0}{1 + \frac{4}{3\pi}\gamma\omega A_0 t}$

10. (a) 最下点を通過するときの糸の張力 $F = mg + \dfrac{mv^2}{l} = mg + \dfrac{2E}{l}$ を使うと，求める仕事は $W = F\Delta l$ である．

    (b) 最高点での力学的エネルギー $E' = mgl(1 - \cos\theta_{\max})$．$l$ が Δl 増えるときの位置エネルギーの変化 $-mg\Delta l \cos\theta_{\max}$ が W' にほかならない．

    (c) $E_{2n} = E_0\left(1 + 3\dfrac{\Delta l}{l}\right)^{2n} \cong E_0 \exp\left(6n\dfrac{\Delta l}{l}\right)$

第 3 章の問

問 1. (a) 面積速度: $av/2$, 角運動量: $L = mav$, $-z$ 方向
    (b) 面積速度: $a^2\omega/2$, 角運動量: $L = ma^2\omega$, $+z$ 方向（回転面を x-y 面とする）

問 2. 平均距離 r，平均軌道速度 $V = \dfrac{2\pi r}{T}$，向心加速度 $\dfrac{V^2}{r} = \dfrac{GM}{r^2} = \dfrac{gR^2}{r^2}$，以上から $r = \left(\dfrac{gR^2 T^2}{4\pi^2}\right)^{1/3}$．$T = 2.36 \times 10^6$ s を代入して $r \approx 3.84 \times 10^5$ km.

問 3. $F_s/F_e \approx 2$. 太陽の引力の方が大きいので法線加速度はつねに内向きである．したがって軌道が内側にくぼむことはない．(c) が正しい．

問 4. 年によるが，春分の日から秋分の日まで 186 日か 187 日，秋分の日から翌年の春分の日まで 179 日か 178 日．地球の軌道が楕円であることを意味する．近日点を通過するのは冬．

問 5. 略．いろいろな方法が考えられるが, ケプラーの方法については 朝永振一郎著 "物理学とは何だろうか 上" (岩波新書) の第 1 章 1 "ケプラーの模索と発見" を参照されたい．

問 6. $h = (gR^2/4\pi^2 T^2)^{1/3} - R$, $T = 8.64 \times 10^4$ s, $R = 6.4 \times 10^6$ m, $g = 9.8$ m/s^2 を代入して $h \approx 36000$ km．

問 7. 不可能．円運動の中心が力の中心にならないから．

問 8. ロケットは慣性飛行しているので，月の裏側を回っても燃料をほとんど使わずにすむ．その地点から直ちに引き返すには，速度の方向を変えるためにかなりの燃料を必要とするが，それに十分な量は積載してない．

問 9. 地球の進行方向へ打ち出すと地球の公転速度より速くなり，地球の公転軌道より外側へ行く．反対方向へ打ち出すと公転速度より遅くなり，公転軌道の内側へ行く．

第 3 章の演習問題

1. $\dfrac{d\boldsymbol{L}}{dt} = \boldsymbol{r} \times (\boldsymbol{F}_1 + \boldsymbol{F}_2)$. $\boldsymbol{r}$ と $\boldsymbol{F}_1$ は平行なので $\boldsymbol{r} \times \boldsymbol{F}_1 = 0$.
したがって $\dfrac{d\boldsymbol{L}}{dt} = -c\boldsymbol{r} \times \boldsymbol{v} = -\dfrac{c}{m}\boldsymbol{L}$ より $\boldsymbol{L}(t) = \boldsymbol{L}_0 e^{-ct/m}$.

2. 地表の重力加速度 $g = GM/R^2$. もし密度が一様なら地球の中心から距離 r の点における重力加速度 $g(r)$ は $g(r) = \dfrac{G}{r^2}\left(\dfrac{r}{R}\right)^3 M = \dfrac{gr}{R}$ である．
もし重力加速度が一定なら，r の地点の密度を $\rho(r)$ とすると次式が成り立つ．
$\dfrac{G}{r^2}\displaystyle\int_0^r 4\pi r'^2 \rho(r')\,dr' = g$. これより $\rho(r) = \dfrac{g}{2\pi G r} = \dfrac{M}{2\pi R^2 r}$ を得る．

3. ケプラーの第 3 法則を使うと軌道の長半径 a は地球の半径の $75^{2/3}$ 倍で，$a = 2.67 \times 10^{12}$ m と計算される．遠点距離 $r_{\max}$ は $2a$ から近点距離 $r_{\min} = 8.9 \times 10^{10}$ m を引いて $r_{\max} = 5.3 \times 10^{12}$ m となる．ケプラーの第 2 法則を使うと近点と遠点における速度の比は $r_{\max}/r_{\min} = 59$ である．

4. (a) $\sqrt{2gR}$ (第 2 宇宙速度)
   (b) エネルギー保存則 $\dfrac{1}{2}mv_0^2 - mgR = \dfrac{1}{2}mv^2 - \dfrac{mgR^2}{R+x}$ より $v = \sqrt{\dfrac{2gR^2}{R+x}}$
   (c) $\dfrac{dt}{dx} = \sqrt{\dfrac{R+x}{2gR^2}}$ を積分して $t = \dfrac{1}{3}\sqrt{\dfrac{2R}{g}}\left\{\left(1+\dfrac{x}{R}\right)^{3/2} - 1\right\}$
   (d) 約 50 時間

5. (a) 向心力は万有引力に等しい: $mv^2/(R+h) = GMm/(R+h)^2$.
   (b) 人工衛星の力学的エネルギー $E = mv^2/2 - GMm/(R+h) = -mv^2/2$.
   E が減少するとき E の絶対値は増えるので v は増大，h は減少する．

(c) 力学的エネルギーを減らせば速度は増加する (もちろんこのとき軌道は少し低くなる). 追いついたら後ろに向けて噴射すればよい.

6. (a) 楕円の短半径は $2R$, 面積速度一定の原理より $\frac{1}{2}Rv_0 = \frac{1}{2}(2R)v_1 = \frac{1}{2}(4R)v_2$, したがって $v_1/v_0 = 1/2,\ v_2/v_0 = 1/4$.

   (b) 力学的エネルギー保存則より $\frac{1}{2}mv_0^2 - \frac{mgR^2}{R} = \frac{1}{2}mv_2^2 - \frac{mgR^2}{4R}$. $v_2 = v_0/4$ を代入して v_0 を求める. 結果は $v_0/\sqrt{gR} = \sqrt{8/5}$.

   (c) 楕円の面積は $\pi(2R)(5R/2) = 5\pi R^2$, 面積速度は $Rv_0/2 = \sqrt{gR^3/5}$, 周期は $(5\pi/2)\sqrt{10R/g}$.

7. 図から明らかなように, $\theta_0 = 45°$, BC は軌道の楕円の短径である: $b = R/\sqrt{2}$. OC は長半径に等しい: $a = R$. ゆえに $e = \sqrt{1-(b/a)^2} = 1/\sqrt{2}$, $l = b^2/a = R/2$ が求まり (式 (3.50) 参照), $v_0 = \sqrt{gR}$ を得る. 飛行時間を求めるには図形 OBACO の面積 $S = \frac{1}{2}\pi ab + \frac{1}{2}R^2 = \frac{1}{2}\left(1 + \frac{\pi}{\sqrt{2}}\right)R^2$ を面積速度 $\frac{1}{2}Rv_0 \cos 45° = \sqrt{gR^3/8}$ で割ればよい. $t_{\rm BC} = (\pi + \sqrt{2})\sqrt{R/g}$, 数値を代入して 3680 s ≈ 1 時間 1 分.

8. 力学的エネルギー保存 $\frac{1}{2}mv_1^2 - \frac{mgR^2}{r_1} = \frac{1}{2}mv_2^2 - \frac{mgR^2}{r_2}$ と面積速度一定 $\frac{1}{2}r_1v_1 = \frac{1}{2}r_2v_2$ から $v_1 = \left(\frac{2gR^2 r_2}{r_1(r_1+r_2)}\right)^{1/2}$, $v_2 = \left(\frac{2gR^2 r_1}{r_2(r_1+r_2)}\right)^{1/2}$.

   周期は, 楕円の面積 $\pi\dfrac{r_1+r_2}{2}\sqrt{r_1 r_2}$ を面積速度 $\frac{1}{2}r_1 v_1$ で割って $T = \dfrac{\pi}{\sqrt{2gR}}(r_1+r_2)^{3/2}$. なお離心率は $e = \dfrac{r_1 - r_2}{r_1 + r_2}$ と表される.

   $r_1 = 42\,202\,{\rm km},\ r_2 = 6\,601\,{\rm km}$ を代入して $v_1 = 1.60\,{\rm km/s},\ v_2 = 10.22\,{\rm km/s}$, $T = 632\,{\rm min}$.

9. (a) $\theta \to 0$ のとき $r \to \infty$, $1 + e\cos\theta_0 = 0$, $e = -1/\cos\theta_0 > 0$.
   $\theta = \theta_0$ のとき $r = r_0$, $r_0(1+e) = l$.

   (b) $r_0 v_0 = bv_\infty (= h)$, $mv_0^2/2 - mgR^2/r_0 = mv_\infty^2/2$

   (c) (a), (b) の関係式と $l = \dfrac{h^2}{gR^2}$ を使えば $b^2 = \dfrac{e+1}{e-1}r_0^2$, $v_\infty^2 = \dfrac{(e-1)gR^2}{r_0}$

   (d) $e = 2,\ l = 48R$ である. $b = 16\sqrt{3}R$, $v_\infty = \sqrt{gR}/4$, $v_0/v_\infty = \sqrt{3}$.

10. (a) $r = D\cos\theta$

    (b) 面積速度 $r^2\dot\theta/2 = Dv_0/2$ より $\dot\theta = Dv_0/r^2$.

    (c) 式 (3.36) の導出と同様にして $m\left\{\dfrac{h}{r^2}\dfrac{\rm d}{{\rm d}\theta}\left(\dfrac{h}{r^2}\dfrac{{\rm d}r}{{\rm d}\theta}\right) - \dfrac{h^2}{r^3}\right\} = F$
    $h = Dv_0$, $\left(\dfrac{{\rm d}r}{{\rm d}\theta}\right)^2 = D^2 - r^2$, $\dfrac{{\rm d}^2 r}{{\rm d}\theta^2} = -r$ を使って $F = -\dfrac{2mD^4 v_0^2}{r^5}$.

第4章の問

問 1. "重力" の方向 (鉛直線の方向) と大きさが一日の時間とともに変化する.
問 2. (a) 振り子の周期は短くなる. (b) バネの振動の周期は変わらない.

問 3. 人工衛星とともに回転する座標系から見たら，「重力と遠心力が釣り合って**静止している**」というべきである．

問 4. 太陽と地球の関係は地球と人工衛星の関係にある．人工衛星内では無重力 (正しくは無重量) 状態であると同様に，地球上では太陽の引力は公転運動による遠心力と打ち消しあい，太陽の引力に関しては無重力 (無重量) 状態になっている．

問 5. 傾かなければ円運動に必要な向心力 (摩擦力) が得られない．一緒に回転する座標系で見ると，傾かなければ遠心力に釣り合う摩擦力が生じない．

問 6. 速度と角速度ベクトル $\boldsymbol{\omega}$ は垂直なので $2m\omega v \approx 0.48\,\mathrm{N} \approx 47\,\mathrm{gw}$ (グラム重)

第 4 章の演習問題

1. 電車内では重力 (鉛直方向) mg と慣性力 (水平方向) ma の合力 $m\sqrt{g^2+a^2}$ を受ける．単振り子の周期の式の g を $\sqrt{g^2+a^2}$ に置き換えて $2\pi\{l^2/(g^2+a^2)\}^{1/4}$．

2. バネの一端が $x(t)=a\sin\omega t$ と振動するとき，バネの端とともに振動する座標系から質点の運動を観測すると，運動方程式は $m\dfrac{\mathrm{d}^2x'}{\mathrm{d}t^2}=-kx'+am\omega^2\sin\omega t$ と書ける．これは強制振動の方程式である．

3. 路面の傾き角を θ は $mg\tan\theta=mv^2/R$，すなわち $\tan\theta=v^2/gR$ を満たす．このとき重力と遠心力の合力が車の床に対して垂直である．$R=200\,\mathrm{m}$, $v=25\,\mathrm{m/s}$ のとき $\theta=18°$．

4. 鉛直となす角 θ : $mg\tan\theta=mv^2/R$，足にかかる力 F : $F=mg/\cos\theta$．$R=20\,\mathrm{m}$, $v=12\,\mathrm{m/s}$ のとき $\theta=36°$，また $mg=60\,\mathrm{kgw}$ のとき $F=74\,\mathrm{kgw}$．

5. 質点とともに回転する座標系から見ると，重力 mg，遠心力 $m\omega^2 l\sin\theta$，糸の張力が釣り合っている．ゆえに $mg\tan\theta=m\omega^2 l\sin\theta$, $\omega=\sqrt{g/(l\cos\theta)}=\sqrt{g/h}$，周期 $T=2\pi/\omega=2\pi\sqrt{h/g}$.

6. $mv^2/r=2m\omega v\sin\theta$ より $r=v/(2\omega\sin\theta)$
   $\theta=35°$, $\omega=7.2\times10^{-5}\,\mathrm{s}^{-1}$ を代入して $r\approx 120\,\mathrm{km}$．

7. 傾き角を θ とすると $\theta\approx 2\omega v/g$．$v=250\,\mathrm{m/s}$, $\omega=7.2\times10^{-5}$ を代入して $\theta\approx 3.7\times10^{-3}\,\mathrm{rad}\approx 0.2°$

8. 低気圧 $\dfrac{\rho v^2}{r}=\left|\dfrac{\mathrm{d}p}{\mathrm{d}r}\right|-2\rho\omega v\sin\theta$, $v=-r\omega\sin\theta+\sqrt{(r\omega\sin\theta)^2+\dfrac{r}{\rho}\left|\dfrac{\mathrm{d}p}{\mathrm{d}r}\right|}$

   高気圧 $\dfrac{\rho v^2}{r}=2\rho\omega v\sin\theta-\left|\dfrac{\mathrm{d}p}{\mathrm{d}r}\right|$, $v=r\omega\sin\theta-\sqrt{(r\omega\sin\theta)^2-\dfrac{r}{\rho}\left|\dfrac{\mathrm{d}p}{\mathrm{d}r}\right|}$

   高気圧の場合には気圧傾度 $|\mathrm{d}p/\mathrm{d}r|$ は $\rho r\omega^2\sin\theta$ より大きくなりえない．また風速も $r\omega\sin\theta$ より強くなりえない．これに対して低気圧ではこのような制限はない．

第 5 章の問

問 1. ブレーキをかけると車輪の回転は遅くなるので，車輪と路面の間に車を止めようとする摩擦力が働く．

問 2. 重心が下方へ加速度をもつときは，重心が静止しているときより軽い．

問 3. 高速で衝突するとき，相対運動のエネルギーはほとんど破壊に使われてしまう．

第 5 章の問題解答

問 4. (a) 物体 2 の速度 $v_2' = \dfrac{2m_1}{m_1+m_2}v_1$ は $\dfrac{m_2}{m_1} \to 0$ のとき最大

(b) 物体 2 の運動量 $m_2 v_2' = \dfrac{2m_2}{m_1+m_2}m_1 v_1$ は $\dfrac{m_2}{m_1} \to \infty$ のとき最大

(c) 運動エネルギー $\dfrac{1}{2}m_2 v_2'^2 = \dfrac{4m_1 m_2}{(m_1+m_2)^2}\cdot\dfrac{1}{2}m_1 v_1^2$ は $\dfrac{m_2}{m_1}=1$ のとき最大

問 5. 運動量の変化は $2mv\sin\theta$, 方向は床に垂直上向き.

問 6. 月の軌道運動の角運動量 $L = mVR$ は増加する (V: 軌道速度, R: 地球–月間距離). V と R の間には $mV^2/R = GMm/R^2$ (M: 地球の質量) の関係がある. 両式を t で微分して $\dfrac{dL}{dt} = mV\dfrac{dR}{dt} + mR\dfrac{dV}{dt} > 0,\ V\dfrac{dR}{dt} + 2R\dfrac{dV}{dt} = 0$. 以上から $dR/dt > 0$ を得る. つまり月は地球から遠ざかる. 実際に月は毎年約 3 cm ずつ遠ざかっている.

第 5 章の演習問題

1. (a) $V_x = -0.8\,\text{m/s}$ $V_y = -0.6\,\text{m/s}$

   (b) 質量中心の位置 $(0, -0.6)$, 軌跡 $y = \dfrac{3}{4}x - 0.6$

   (c) $\dfrac{1}{2}\sum m_i v_i^2 - \dfrac{1}{2}MV^2 = 77.46\,\text{J} - 3.5\,\text{J} = 73.96\,\text{J}$

2. (a) $m_1\dfrac{d^2 x_1}{dt^2} = -\dfrac{k}{(x_2-x_1)^2},\quad m_2\dfrac{d^2 x_2}{dt^2} = +\dfrac{k}{(x_2-x_1)^2}$ (b) $V = \dfrac{m_1 v_0}{m_1+m_2}$

   (c) $\dfrac{d^2 r}{dt^2} = \dfrac{1}{\mu}\dfrac{k}{r^2}$ (d) $\left(\dfrac{dr}{dt}\right)^2 = v_0^2 - \dfrac{2k}{\mu r}$ (e) $r_{\min} = \dfrac{2k}{\mu v_0^2}$

   (f) $v_1 = \dfrac{m_1-m_2}{m_1+m_2}v_0,\ v_2 = \dfrac{2m_1}{m_1+m_2}v_0$ (弾性衝突である)

3. (a) $m\dfrac{d^2 x_1}{dt^2} = mg + k(x_2-x_1-l),\quad m\dfrac{d^2 x_2}{dt^2} = mg - k(x_2-x_1-l)$

   (b) $X = \dfrac{x_1+x_2}{2},\ Y = x_2-x_1-l$ したがって $\dfrac{d^2 X}{dt^2} = g,\ \dfrac{d^2 Y}{dt^2} = -\dfrac{2kY}{m}$

   $X(t) = \dfrac{1}{2}\left(gt^2 + l + \dfrac{mg}{k}\right),\quad Y(t) = \dfrac{mg}{k}\cos\sqrt{\dfrac{2k}{m}}\,t$

   (c) $x_1(t) = \dfrac{mg}{2k}\left(1 - \cos\sqrt{\dfrac{2k}{m}}\,t\right) + \dfrac{1}{2}gt^2$

   $x_2(t) = \dfrac{mg}{2k}\left(1 + \cos\sqrt{\dfrac{2k}{m}}\,t\right) + \dfrac{1}{2}gt^2 + l$

4. (a) 力 F は単位時間当たりの運動量の変化 mv に等しい.

   (b) 仕事率は $Fv = mv^2$.

   (c) $mv^2/2$ である.

   (d) ベルトコンベアの上に乗った瞬間から一定速度 v になるまでの間に滑りを生じ, 摩擦力が作用する. 衝突の言葉を使えば完全非弾性衝突である.

5. (a) 東に x 軸, 北に y 軸をとる. トラックの速さは $10\,\mathrm{m/s}$. 衝突後の運動量の y 成分 $p_y = 10^5\,\mathrm{kg \cdot m/s}$, x 成分 $p_x = p_y \tan 22.5° = 4.14 \times 10^4\,\mathrm{kg \cdot m/s}$. よって乗用車の速さは $p_x/2000\,\mathrm{kg} = 20.7\,\mathrm{m/s}$ $(75\,\mathrm{km/h})$.
   (b) 衝突後の横滑りの速さを v' とすると, たとえば $p_y = (12000\,\mathrm{kg}) \times v' \cos 22.5°$ より $v' = 9.02\,\mathrm{m/s}$ と求まる. 衝突前後の運動エネルギーの差 $(5.00 + 4.28) \times 10^5\,\mathrm{J} - 4.88 \times 10^5\,\mathrm{J} = 4.4 \times 10^5\,\mathrm{J}$ が破壊に使われた.

6. (a) $\left.\begin{array}{l} m\dfrac{v_0}{2}\cos 60° + 2mv_2'\cos\theta_2 = mv_0 \\ m\dfrac{v_0}{2}\sin 60° - 2mv_2'\sin\theta_2 = 0 \end{array}\right\}$ より $v_2' = \dfrac{\sqrt{3}}{4}v_0$, $\theta_2 = 30°$
   (b) 非弾性衝突.
   質量中心系 (図 5.8(a)) において $V = v_0/3$, $u_1 = u_1' = 2v_0/3$, $\theta_1 = 60°$
   $v_1'^2 + \left(\dfrac{v_0}{3}\right)^2 - 2v_1\left(\dfrac{v_0}{3}\right)\cos 60° = \left(\dfrac{2v_0}{3}\right)^2$ より $v_1' = \dfrac{1+\sqrt{3}}{6}v_0$

7. 式 (5.54) に $\dfrac{\mathrm{d}v}{\mathrm{d}t} = a$, $F = 0$ を代入して $ma + V_0\dfrac{\mathrm{d}m}{\mathrm{d}t} = 0$,
   これより $m(t) = m_0\,\mathrm{e}^{-at/V_0}$

8. (a) ロケットの運動量 mv は噴射された燃料の運動量 $(m_0 - m)u_0$ に等しい.
   (b) $m = \dfrac{m_0 u_0}{u_0 + v}$ に $v = at$ を代入して $m = \dfrac{m_0}{1 + at/u_0}$

9. $\dfrac{\mathrm{d}m}{\mathrm{d}t} = km^{2/3}$ より $m(t) = \left(\dfrac{kt}{3}\right)^3$ を得る. これを $\dfrac{\mathrm{d}(mv)}{\mathrm{d}t} = mg$ の右辺に代入して積分する. $v(t) = gt/4$

10. (a) 単位時間当たりの運動量変化 $u \cdot (\rho u S) = 2pS$
    (b) $p = \dfrac{(m_1 + m_2)g}{2S}$ より $p = 10^6\,\mathrm{Pa} \approx 10\,\mathrm{atm}$
    (c) $v_{\max} = u\log_e \dfrac{m_1 + m_2}{m_1} - gt_1$, $h = \dfrac{u}{c}\left(m_2 - m_1\log_e\dfrac{m_1 + m_2}{m_1}\right) - \dfrac{1}{2}gt_1^2$
    $m_1 = m_2 = 0.5\,\mathrm{kg}$, $u = 20\sqrt{5}\,\mathrm{m/s} \approx 45\,\mathrm{m/s}$, $c = \rho u S = \sqrt{5}/10\,\mathrm{kg/s} \approx 0.22\,\mathrm{kg/s}$, $t_1 = m_2/c = \sqrt{5}\,\mathrm{s} \approx 0.22\,\mathrm{s}$ を代入して $v_{\max} \approx 9.1\,\mathrm{m/s}$, $h = 100\,(1 - \log_e 2) - 5 \cdot 9.8/2 \approx 6.2\,\mathrm{m}$

第6章の問

問 1. $R_1 = \dfrac{2Mg}{1 + \mu_1\mu_2}$, $R_2 = \dfrac{2\mu_1 Mg}{1 + \mu_1\mu_2}$, $\tan\theta_c = \dfrac{3 - \mu_1\mu_2}{4\mu_1}$
$\mu_1 = \mu_2 = 0.35$ のとき $\theta_c = 64°$

問 2. $I = M\left(h^2 + \dfrac{2}{5}a^2\right)$, $T = 2\pi\sqrt{\dfrac{I}{Mgh}} = 2\pi\sqrt{\dfrac{h}{g}\left(1 + \dfrac{2a^2}{5h^2}\right)}$

問 3. 飛び乗る前の人の角運動量は $mva\cos\theta$ なので $\omega = (mva\cos\theta)/I$

問 4. (a) たとえば, 重心を通る軸のまわりに回転している一様な球
      (b) たとえば, 2つの同形の剛体が共通の回転軸のまわりに逆向きに回転している場合. 1つの剛体では不可能.

問 5. 足の接地点のまわりの慣性モーメントが大きくなるので，体が傾くときの回転がゆっくりになり，均衡を取り戻しやすい．

問 6. ゆで卵は剛体とみなしてよく，コマのように回転する．生卵は殻と内部が一体ではないので，殻を回転させようとするとき内部は抵抗となる．回転を始めても内部は遠心力を受けて片寄るので安定に回転しない．

問 7. エネルギー保存則 $\frac{1}{2}Mv^2 + \frac{1}{2}I_0\omega^2 = \frac{1}{2}\left(M + \frac{I_0}{a^2}\right)v^2 = Mgl\sin\alpha$ より慣性モーメント I_0 が大きい中空の球の方が遅い (v が小さい)．

問 8. $I_0 = \frac{1}{12}Ml^2$, $h_2 = \frac{l}{2}$ ゆえに $s = \frac{I_0 + Mh_2^2}{Mh_2^2} = \frac{2}{3}l$
つまり，握っている端から $2l/3$ のところ．

第 6 章の演習問題

1. P 点のまわりに回転し始めるときの力のモーメントの釣り合いを考えると
$Fh = (a/2)Mg$. 滑らない条件は $F < \mu Mg$. したがって $\mu > (a/2h)$

2. 車に固定した座標系で考える．重心には水平方向に遠心力 mv^2/r, 鉛直下方に重力 mg が作用している．路面から受ける力は鉛直上方に $R = mg$, 水平方向 (曲率中心の方向) に $F = mv^2/r$ である．滑りを生じない条件は $F < \mu R$ である．
次に横転しないためには重心に作用する力の作用線が外側のタイヤの接地点より内側にあればよい．この条件は $(mv^2/r)/mg < a/2h$ である．
通常の乗用車なら $a/2h > \mu$ は満たされているはずなので，カーブでスピードを出しすぎると，横転はしないで横滑りするだろう．

3. (a) $\frac{1}{3}Ma^2$ (b) $\frac{1}{2}Ma^2$ (c) $\frac{1}{4}Ma^2 + \frac{1}{12}Mh^2$ (d) $\frac{1}{12}Ma^2$ (e) $\frac{2}{3}Ma^2$

4. 手を伸ばしているときの慣性モーメント $I_1 = \frac{1}{2}Mr^2 + \frac{1}{12}ml^2 = 0.992\,\mathrm{kg\cdot m^2}$
手をすぼめているときの慣性モーメント $I_2 = \frac{1}{2}(M+m)r^2 = 0.363\,\mathrm{kg\cdot m^2}$
角運動量保存則 $I_1\omega_1 = I_2\omega_2$ より回転の速さは $\omega_2/\omega_1 = I_1/I_2 = 2.73$ 倍, 毎秒約 5.5 回転となる．

5. (a-1) $K = \frac{1}{5}Ma^2\omega^2$, $P = 0$, $L' = \frac{2}{5}Ma^2\omega$, $L = L'$
   (a-2) $K = \frac{1}{5}Ma^2\omega^2 + \frac{1}{2}Mv^2$, $P = Mv$, $L' = \frac{2}{5}Ma^2\omega$, $L = L' - Mvy_0\cos\theta$
   (a-3) $K = \frac{7}{10}Mv^2$, $P = Mv$, $L' = \frac{2}{5}Mav$, $L = \frac{7}{5}Mav$
   (b) $K = \frac{1}{6}Ml^2\omega^2$, $P = \frac{1}{2}Ml\omega$, $L' = \frac{1}{12}Ml^2\omega$, $L = \frac{1}{3}Ml^2\omega$

6. (a) 衝突の瞬間に支点 O に外力 (衝撃力) が作用するが，その力の (支点のまわりの) モーメントは 0 であるから，支点のまわりの角運動量は保存する．
角運動量保存則 $mvx = \left(\frac{1}{3}Ml^2 + mx^2\right)\omega$ より $\omega = \dfrac{mvx}{\frac{1}{3}Ml^2 + mx^2}$

(b) $\Delta E = \dfrac{1}{2}mv^2 - \dfrac{1}{2}\left(\dfrac{1}{3}Ml^2 + mx^2\right)\omega^2 = \dfrac{\frac{1}{2}mv^2}{1 + \dfrac{mx^2}{\frac{1}{3}Ml^2}}$

(c) $x = 2l/3$, 打撃の中心に衝突するとき.

7. 慣性モーメントは理想的な円板の $Ma^2/2$ で近似できる. 重心–中心間の距離 h とすると周期 $T = 2\pi\sqrt{I/Mgh} = 2\pi a/\sqrt{2gh}$. $T = 6\,\text{s}$, $a = 0.2\,\text{m}$, $M = 5\,\text{kg}$ を代入して, $h = 0.00224\,\text{m}$. バランスをとるためのおもりの質量 $Mh/a = 0.056\,\text{kg}$.

8. $I_O = MR^2$ である. 平行軸の定理より $I_O = I_G + M(R-h)^2$ および $I_P = I_G + Mh^2$. 以上から $I_P = 2MRh$. 式 (6.52) に代入して $T = 2\pi\sqrt{2R/g}$.

9. 滑りの動摩擦力を F とすると運動方程式は $M\dfrac{dv}{dt} = -F$, $I_0\dfrac{d\omega}{dt} = aF$

したがって滑りがなくなるまでの間は $v(t) = v_0 - \dfrac{Ft}{M}$, $\omega(t) = \dfrac{aFt}{I_0}$

滑りがなくなった ($v = a\omega$) ときの速さは $v = \dfrac{v_0}{1 + I_0/Ma^2} = \dfrac{v_0}{1+k}$

10. 運動方程式は $\dfrac{dx}{dt} \gtrless 0$ に応じて $M\dfrac{d^2x}{dt^2} = -kx \mp F$, $I_0\dfrac{d\omega}{dt} = \pm aF$.

いずれの場合にも $\left(M + \dfrac{I_0}{a^2}\right)\dfrac{d^2x}{dt^2} = -kx$ したがって $\Omega = \sqrt{\dfrac{k}{M + I_0/a^2}}$

11. 円板の重心の速さを v, 角速度を ω, 糸の張力を F とする.

運動方程式は $M\dfrac{dv}{dt} = Mg - F$, $I_0\dfrac{d\omega}{dt} = Fa$. 滑りがない条件 $v = a\omega$ および慣性モーメント $I_0 = \dfrac{1}{2}Ma^2$ を使って $\dfrac{dv}{dt} = \dfrac{2g}{3}$, $F = \dfrac{1}{3}Mg$ を得る.

12. 重心の接線方向の運動方程式: 重心の速度を v, 摩擦力を F とすると

$M\dfrac{dv}{dt} = F - Mg\sin\phi$, ただし $v = (R-a)\dfrac{d\phi}{dt}$ である.

重心のまわりの回転の運動方程式: $I_0\dfrac{d^2\theta}{dt^2} = -aF$.

以上の2式から F を消去して, $a\theta = (R-a)\phi$ の関係を使うと次式を得る.

$$M(R-a)\left(1 + \dfrac{I_0}{Ma^2}\right)\dfrac{d^2\phi}{dt^2} = -Mg\sin\phi \approx -Mg\phi$$

$I_0 = \dfrac{2}{5}Ma^2$ を代入して $\dfrac{d^2\phi}{dt^2} = -\dfrac{5g}{7(R-a)}\phi$. 周期は $T = 2\pi\sqrt{\dfrac{7(R-a)}{5g}}$.

索　引

● あ行
アトウッドの装置, 135
アプス, 79
アプス角, 79
位相, 23
位置エネルギー, 49, 50
　　万有引力の—, 64
位置ベクトル, 2
因果律, 9
宇宙速度
　　第1—, 77
　　第2—, 77
　　第3—, 78
運動, 1
運動エネルギー, 44
　　剛体の—, 130, 140
運動の第1法則, 7
運動の第2法則, 8
運動の第3法則, 9
運動の法則, 8
運動方程式, 9
運動摩擦係数, 26
運動量, 9
　　質点系の全—, 100
運動量保存則, 101
エネルギー, 45
エネルギー保存則, 55
遠心力, 89
鉛直, 13
円筒座標, 2

● か行
回転運動, 123
回転半径, 131
外力, 99
角運動量, 61, 116
　　剛体の—, 129
　　質点系の全—, 117
　　質量中心のまわり
　　　の—, 118
角運動量保存則, 61, 118, 137
角振動数, 23
角速度, 5
角速度ベクトル, 87
角力積, 124, 143
過減衰, 36
加速度, 5
加速度ベクトル, 5
ガリレイの相対性原理, 86
ガリレイ変換, 86
換算質量, 104
慣性, 7
慣性系, 7
慣性座標系, 7
慣性の法則, 7
慣性モーメント, 130
慣性力, 86, 89
基本単位, 11
求心力, 29
極座標, 2, 67

曲率中心, 28
曲率半径, 28
偶力, 126
偶力の腕の長さ, 126
偶力のモーメント, 126
撃力, 9, 105, 143
ケプラーの第1法則, 75
ケプラーの第2法則, 72
ケプラーの第3法則, 75
ケプラーの法則, 69
減衰振動, 35
向心加速度, 6
向心力, 29
剛体, 123
国際単位系, 11
古典力学, 10
こまの運動, 144
コリオリの力, 89, 90, 92, 139

● さ行
歳差運動, 144
　　地球の—, 146
座標系, 1
作用反作用の法則, 9
3次元極座標, 2
仕事, 41
仕事率, 42
実験室系, 106
実体振り子, 136
質点, 1

索　引

質点系, 99
質量, 8
質量中心, 100
質量中心系, 106
質量比, 115
時定数, 35
ジャイロスコープ, 146
周期
　　公転運動の—, 75
　　実体振り子の—, 136
　　単振り子の—, 31
　　単振動の—, 24
重心, 126
重心系, 106
終端速度, 16
重力, 12, 66
重力加速度, 12
重力場, 13
章動, 144
衝突, 105
初期条件, 9
人工衛星, 76
振動数, 23
振幅, 23
振幅減衰率, 35
推進力
　　ロケットの—, 113
垂直抗力, 25, 26
数値解法
　　運動方程式の—, 21
スカラー, 3
スカラー積, 43
静止トランスファー軌道, 116
静止摩擦係数, 25
静摩擦係数, 25, 141
接線加速度, 29
相対運動, 102
相対速度, 102

相対論的力学, 10
相当単振り子の長さ, 137
速度, 4, 5
速度ベクトル, 4
束縛運動, 24, 30
束縛力, 24
● た行
対数減衰率, 35
楕円振動, 79
打撃の中心, 143
脱出速度, 77
単振動, 23
弾性衝突, 107
弾性定数, 22
単振り子, 30
力, 8
力のモーメント, 61
地衡風, 93
地心緯度, 92
中心力, 47, 48, 62
調和振動, 23, 79
直交座標, 1, 2
地理緯度, 92
釣り合い点
　　安定な—, 56
　　不安定な—, 56
抵抗力, 15
等加速度運動, 13
動径成分, 67
等速回転座標系, 88
動摩擦係数, 26, 142
● な行
内力, 99
なめらか, 25
2体問題, 103
ニュートン力学, 10
● は行
場, 46
はねかえり係数, 106, 107

バネ定数, 22
速さ, 5
半直弦, 72
反発係数, 106
万有引力, 64
非弾性衝突, 107
　　完全—, 107
不確定性原理, 10
フーコーの振り子, 95
フックの法則, 21
物理振り子, 136
物理量の次元, 12
振り子の等時性, 31
並進運動, 123
並進加速度座標系, 85
ベクトル, 3
ベクトル積, 63
変位, 4
偏微分, 53
方位角成分, 67
法線加速度, 29
保存則
　　運動量—, 101
　　角運動量—, 118, 137
　　力学的エネルギー—, 54, 55
保存力場, 49
保存量, 10
保存力, 49
ポテンシャル 52
ポテンシャルエネルギー 49
● ま行
摩擦角, 27
摩擦係数
　　静—, 25, 141
　　動—, 26, 142
摩擦力, 25, 26

見かけの力, 86
面積速度, 62
面積速度一定の原理, 62, 69

● ら行

力学, 10

力学的エネルギー, 55
力学的エネルギー保存則, 55
力積, 9, 143
力場, 46
離心率, 73

量子力学, 10
臨界減衰, 36
ロケットの運動, 112

身近に学ぶ 力学入門 第2版

1994 年 12 月 20 日	第 1 版	第 1 刷	発行
2011 年 9 月 25 日	第 1 版	第 5 刷	発行
2011 年 10 月 20 日	**第 2 版**	**第 1 刷**	**印刷**
2011 年 10 月 31 日	**第 2 版**	**第 1 刷**	**発行**

著　者　　伊東敏雄
発行者　　発田寿々子
発行所　　株式会社　学術図書出版社

〒113-0033　東京都文京区本郷5丁目4の6
TEL 03-3811-0889　振替 00110-4-28454
印刷　三松堂印刷 (株)

定価はカバーに表示してあります．

本書の一部または全部を無断で複写 (コピー)・複製・転載することは，著作権法でみとめられた場合を除き，著作者および出版社の権利の侵害となります．あらかじめ，小社に許諾を求めて下さい．

© 1994,2011　T. ITO　Printed in Japan
ISBN4-7806-0266-1　C3042

基礎物理定数およびその他のデータ

★印は定義値であることを示す.

真空中の光速度	c	2.99792458×10^8 m/s ★
万有引力定数	G	6.673×10^{-11} N·m^2/kg^2
プランク定数	h	$6.6260688 \times 10^{-34}$ J·s
電気定数 (真空の誘電率)	ϵ_0	$8.8541878 \times 10^{-12}$ F/m $\left(= \dfrac{1}{\mu_0 c^2}\right)$ ★
磁気定数 (真空の透磁率)	μ_0	$1.25663706 \times 10^{-6}$ H/m $\left(= \dfrac{4\pi}{10^7} \text{ H/m}\right)$ ★
素電荷	e	$1.60217646 \times 10^{-19}$ C
電子の質量	m_e	$9.1093819 \times 10^{-31}$ kg
陽子の質量	m_p	$1.6726216 \times 10^{-27}$ kg
原子質量単位	m_u	$1.6605387 \times 10^{-27}$ kg
アボガドロ定数	N_A	6.0221420×10^{23} mol^{-1}
気体定数	R	8.31447 J/(mol·K)
ボルツマン定数	k	1.380650×10^{-23} J/K
標準大気圧	atm	1.01325×10^5 Pa
理想気体 (0°C, 1 atm) の体積		2.241400×10^{-2} m^3/mol
重力加速度 (標準値)	g	9.80665 m/s^2 ★
重力加速度 (東京大学)	g	9.7978872 m/s^2
パーセク	pc	3.0857×10^{16} m
天文単位	Au	$1.49597870 \times 10^{11}$ m
太陽年		365.2422 太陽日 $= 3.1557 \times 10^7$ s